# 年入500万+

## 我是如何从助理
## 做到总裁的

胡心彤

著

北京联合出版公司
Beijing United Publishing Co.,Ltd.

**图书在版编目（CIP）数据**

年入500万+，我是如何从助理做到总裁的 / 胡心彤
著 . -- 北京 ： 北京联合出版公司，2018.5
ISBN 978-7-5596-0076-9

Ⅰ . ①年… Ⅱ . ①胡… Ⅲ . ①成功心理－通俗读物
Ⅳ . ① B848.4-49

中国版本图书馆 CIP 数据核字（2018）第 041482 号

年入500万+，我是如何从助理做到总裁的
作　　者：胡心彤
选题策划：北京时代光华图书有限公司
责任编辑：夏应鹏
特约编辑：何英娇
封面设计：新艺书文化
版式设计：曾　放

北京联合出版公司出版
（北京市西城区德外大街83号楼9层　　100088）
北京晨旭印刷厂印刷　　新华书店经销
字数154千字　　880毫米×1230毫米　　1/32　　8.75印张
2018年5月第1版　　2018年5月第1次印刷
ISBN 978-7-5596-0076-9
定价：49.00元

# 年入 500 万＋，你也可以

在我做出这样的决定，打算写这本书的时候，我的搭档 L 说："说年入 500 万＋（元／人民币，下同）会不会太少？因为你现在的收入其实已经远远超过这个数了。"他认为，说年入 1000 万＋会更加符合实际，也更加有噱头。

我想了想，觉得一个 30 岁的女孩子年入 500 万＋，其实是一个很不错的状态，最重要的是如何保持这个状态，在未来的日子里年入财富超过这个数。换句话说，我更在乎的是可行性，大众的可行性，也就是说，这种赚钱的能力和速度不是个案，而是通常的情况。

我是如此实在的一个人，我希望我带给大家的方法，大家一定要用心去用，因为它们也是实实在在的。

那么，做到年入 500 万＋的核心要素是什么？

## 持续性

如果今天你赚了 100 万，明天就亏掉了 200 万，很显然，这种收支浮动太大的状况，不值得提倡。虽然有时候很多人会说：英雄都是大起大落的，你看某某某，三起三落；你看谁谁谁，四落四起……

其实，对普通人来说，如果你的生活和财富水平处于太大的颠簸状态，只会让人觉得你是一个投机主义者。而一个擅长投机的人，很多时候会给人一种走狗屎运或者撞上风口的错觉，人们会误以为你的成功其实并不是你的实力的体现。所以，在我的字典里，我提倡稳健的持续增长，不是暴涨，也不是大起大落。我们要先确保自己的财富持续稳健地增长，然后对于自己的实力和发展策略，才有探讨价值。

要确保自己的年收入达到 500 万＋，每月的收入就需要在 50 万左右，每日的收入就要在 2 万到 3 万。

大家有没有发现，这样拆解之后，我们的收入目标变得清晰而又实际了？对的，这就是非常直观的目标拆解法。一个看起来似乎有点大的目标，经过核心分析进行拆解之后，就会变得可行且触手可及了。

一个人的收入要达到日均2万到3万，很显然，通过上班或给人做体力劳动是很难完成的。所以，要想维持日入2万到3万的状态，我们必须让钱生钱。也就是说，我们必须拥有金融思维，让财富达到滚动升值的状态，而且是持续滚动升值。

现金流是个好东西。当你开始对你的财富进行认真规划之后，你就会认同我的观点。

那么，如何让自己的年收入持续稳定地保持在500万+呢？


### 选对圈子

圈子真的是太重要了。如果你身边全是打麻将的人，那么你总会遇到三缺一的情况；如果你身边都是月入两三千的人，那么很显然你的收入也不大可能会超过他们太多。

你的圈子决定了你能达到的目标高度，还有你达成目标的速度。相信我，大概率事件之下，能超出你的圈子太多的人和事，都是小概率事件（即便是这样的小概率，背后也是有核心圈子要素在里面的）。

我能达到这样一个目标，是因为我身边有太多年入千万甚至年入过亿的人。

想象一下，如果你的身边全都是年收入过千万甚至过亿的人，那么你年入 500 万 + 是不是就是小菜一碟了？我就是在这种圈子氛围中轻松实现了年入 500 万 + 的目标的。而且因为我比圈子中的很多人更年轻，所以我对自己未来的财富走向更加有信心。

梳理目标，拆解目标，改变圈子，你需要持续下去，才能一步步完成自己的目标。

## 拥有金融思维

如果你找不到一个方法让你的钱为你赚钱，那么你将一直工作到死。股神巴菲特就有这样的论断。对此，我十分认同。

想让你的财富达到一个对当下的自己来说的巅峰数字，你必须培养金融思维，让你的钱忙起来，你的身体闲下来。这才是良性循环。除此之外，没有别的选择。

## 把握风险、欲望和恐惧

风险意识是所有金融人的第一意识。懂得把控风险，我们就不会只做投机生意；懂得把握风险，我们才会一步步成为合理的投资人。

在金融市场能战胜欲望和恐惧的人，都是天才。

人随着财富的增多，欲望也会增大，而不能把控欲望，下一个出现在你面前的很可能就是陷阱。

走的路多了，难免会有失败的时候。如果因为一次失败，你就不敢再往前走，被恐惧深深笼罩，也是一件要不得的事情。

不断修炼自己，很好地平衡欲望和恐惧心理，财富稳健增长之路才会更加长久。

## 把财富看淡

很多人可能会有这样的误解：一个一生拥有很多财富的人，应该是很在意财富、在意金钱的人。其实事实刚好相反，真正收获大财富的人，都是从一开始就能把钱看淡的人。

只有把钱看淡了，才能将赚钱的过程变成一种乐趣；有乐趣的事情，会让人产生兴奋感；有了兴奋感，这件事情才能长久地干下去。这是一种良性循环。

如果把钱看得太重，很容易让人产生一种抓取心理。这种心理状态之下的人，无论是气场还是圈子，都会是负面的。

　　把控欲望和恐惧，把财富看淡，让我们快乐地开启我们的财富之旅吧！

# 目  录

第一章

我有做总裁的命吗

# 是从助理到老板，还是从助理到老板娘

如果不是"富二代"，普通如我的很多人都是从做助理、做基层员工开始职业生涯的，尤其对女孩子来说，从做助理到做总裁，其间需要付出得更多。当我想要探讨女孩子如何实现从助理到总裁的职业生涯飞跃时，很多人会笑着跟我说："心彤，现在大部分姑娘是从助理到老板娘的，尤其是漂亮的姑娘。"

对此，我总是笑在而不语。

一个女人实现财富自由一般有三种方式：一是继承，二是出嫁，三是自我奋斗。这三种方式每天都在这个世界上上演，没有高低贵贱，没有孰优孰劣，关键是衡量一下自己，看看自己适合哪一种。很多美丽女性在年轻的时候想要嫁给一个"高富帅"，但往往这样的想法会在现实里碰壁。

2012年，我曾跟几个闺蜜一起探讨各自未来的三年规划，我们在事业、职场、外形和财富上，都给自己列下了清晰的目标。而其中一个美女姐妹只说了一句话，就是找一个有钱、有型又爱自己的男人嫁了。

在当时的情况下，我们都对她的这个梦想或者说规划很有信心。毕竟她有一米六八的身高、齐腰的卷发，稍加修饰就是一个欧美风大美女。对当时的她来说，这个目标不算高。

从那以后，我们专注在事业和自我管理提升上，她花很多时间提升自己的颜值，然后四处寻找"目标"。印象最深的一次是，我们早晨9点钟一起出门拜访客户，唯独她打着遮阳伞，理由是怕晒黑。

到了2015年，我已经在金融领域做得风生水起。再次见到她时，发现她已经成为一名运动客，全身运动装，背着大背包，皮肤晒得黝黑。你很难想象我当时的诧异，因为一个曾经那么爱美、怕晒黑的女人，却成了眼前这样一个女性韵味稍弱、谈吐很爷们儿的人。而当时的我却是一个卷发齐腰、妆容精致的金融公司CEO。

面对我的诧异，她毫不介怀地跟我说："男人太不靠谱，还是自己开心最重要。"言谈中，眼神中有犹豫，有无奈。

我写这个故事是想说，如果你不是在自己状态最好的时候，也不大可能遇到状态最好的那个他，然后双方状态比较好地走到一起。

有一点我必须说明，我这里所说的"成为总裁"，并不是要每个人读完这本书后，在职场中都奔着总裁而去，而是要懂得更好地管理自己的生活、事业和家庭，更好地去实现自己的梦想。

真心希望这本书能切实地帮助有梦想的女人，尤其是正处于选择迷茫或者焦虑期的人。一个有梦想的女人，生活里不仅仅是女儿、妻子和母亲，还应该有一个很重要的身份（具体是什么，下文中会提到）。而也只有在你不断向前、不断充实自己的时候，你的两性关系才会健康发展，你也才有做老板或老板娘的自由。

真正智慧的女人是，想依靠自己的时候依靠自己，想依靠男人的时候依靠男人。做老板还是老板娘，你说了算。愿每个女人都能享受这样的惬意和自由。

## 我只是一个小助理，我有做总裁的命吗

从助理到总裁，看似遥远，实则很近。很多人做不到，核心原因不是能力问题，而是胆识问题。有太多的人跟我说："自己做老板？天哪！我能做到吗？"

在他们眼中，似乎做老板是一件十分辛苦并且遥不可及的事情。其实从助理到总裁，核心是你从一开始就相信，自己可以与众不同，自己可以做总裁。如果你打心眼儿里就不相信自己能行，我说再多都是没用的。

在我写下这些文字的时候，我的眼前浮现的是 7 年前的一个画面：当我还是助理的时候，有一次我跟老板在杭州出差。酒席上，嘉宾看着我，跟我的老板说："你的这个助理，未来一定是做老板的人！"

听到这话，我一点也不奇怪，因为我从一开始就相信这是必然的。

## 相信自己，到底有多重要

### ○ 处事方式会不一样

相信自己的人，会站在未来的高度，用总裁的高标准来考虑事情、处理事情。

也只有这样做，你现在的老板才会对你刮目相看，才会给你更多的授权。

如果从一开始，你就不相信自己，那你做事就会畏首畏尾。如果你始终把自己当作一个小助理，认为自己没有决策权，也不用承担太大责任，发生任何事都有老板扛着，那么你就不会进步，只能是一个小助理。

### ○ 会一步步形成自己的核心竞争力

当你不断用总裁的思维和责任处理事情的时候，你的核心竞争力就一步步形成了。这时你就能一步步向上管理你的老板，让他开始习惯并重视你的存在，开始征求你的意见，采用你的决策。

试想，当你能一步步形成自己的核心竞争力，还有人能随随便便替代你吗？很显然，不可能！你能做到让自己不可替代或很难被替代，这就是你的核心竞争力！

## 要做总裁，你需要做哪些准备

○ 找到并发挥自己的优势

优势这个话题很宽泛，它可以是良好的出身背景，可以是良好的经济实力，可以是良好的人脉关系，可以是良好的口才，可以是良好的表演功底，甚至可以是良好的身材。

没有任何人是完美的，最聪明、最智慧、最成功的人，都是把自己的优势发挥到极致的人。我们要想成功，也要找到并充分发挥自己的优势。

找到自己的优势，除了需要专业的方法，还要有直观的方法。要找到自己的优势，有向内和向外两种方式。

向内看。你不妨自我审视一下，你最喜欢自己的口才还是其他能力？你在做哪类工作时最轻松、最愉快、最兴奋？在过去的日子里，在你最为成功的事项中你发挥的是哪方面的优势？

没有人比自己更了解自己。自己最喜欢、感到最兴奋、最容易成功的地方，就是自己的优势，只要用心发挥，一定会大放异彩。

向外看。你不妨问一问自己周围的人，比如你的朋友、亲戚、邻居和同事，他们认为你的优势是什么？他们认为什么时候的你最好相处？他们认为你身上最棒的品质是什么？他们认为你最适合做什么行业？他们认为如果与你合作，你最适合什么职位？这些你都可以跟周围的人交流一下。

记住，以上都是交流，只是为了辅助你找到自己的优势，不一定全都是对的，也不需要你全部采纳。别人的意见永远都只是借鉴。

综合自己和别人的意见后，你的优势大致就出来了。出来之后，没有别的窍门，就要看你的执行力了。找到适合发挥自己优势的领域，然后不断实践。实践出真知，只有不断去做，才会不断进步和蜕变，最后活成自己想要的样子。

○ 学会与不同优势的人合作

对于这一点，有很多人都做不到。因为在他们眼中，似乎看不惯所有人，认为自己才是最牛的，或者他们关注的只有自己。这样不利于人的成长。

只有与不同优势的人合作，我们才能收获最棒的结果。在移动互联网时代，与人合作是刚需。

与不同优势的人合作，要求我们学会欣赏。只有懂得欣赏的人，才能看到别人的优势。这是很重要的一点。

能用欣赏的眼光看待别人，反映的是我们的胸怀、见识和格局。如果不具备这些，人是很难成功的。

如果一个人能够很好地发现自身优势，也能够与拥有不同优势的人合作，那么这个人就能很容易得到老板的赏识，并且能够轻松地跟老板身边的资源合作了。有了实力，有了人脉，长此以往，走向总裁的路还会远吗？

## 我成为总裁的动力是什么

现在很多人处于迷茫、对未来听之任之的状态。这里面有很多原因，其中最重要的一点就是，在高强度的工作和压力之下，我们需要一种成长的动力。说得再冠冕堂皇一点，就是我们需要一种持续保持最佳状态的使命感，如果可以的话，我们把它称为梦想。

人如果没有梦想，那和咸鱼有什么区别！而我也正是因为有了属于自己的梦想，才一路披荆斩棘，步步为营，飞速前进。

梦想，几乎陪伴了我整个童年和求学时期。

我出身于军人世家，家里有爸爸、妈妈、哥哥和我。从小我就在哥哥的光环下长大，几乎所有认识我家的人，都知道我哥哥的名字，然后称呼我为"××的妹妹"，也就是我的名字被"××的妹妹"替代了。

爸爸看出了我的敏感，他跟我说："心彤，如果你想被人认识，你必须有属于自己的价值。"

爸爸的话，在我幼小的心里种下了一颗种子。于是我很用心地读书，做班里的学习委员，做团支部书记，成为校园里"有头有脸"的人物。因为我有一个梦想，就是被所有人熟知，我要在我生命的每一个阶段，都真实地活出自己的光彩。

就是这样一个小小的梦想，让我在学习上一路高歌猛进，进入市里最好的初中，然后又进入市里最好的高中。

可是这一路最艰辛的，却是我的爸爸。

在我们的家族里，爸爸是长子，哥哥是长孙，于是哥哥成为整个家族的核心人物。还因为哥哥的光环足够亮，比如他是奥林匹克数学竞赛冠军得主，比如他的数理化成绩始终都是年级第一名，比如他代表学校参加市里的物理竞赛……以至于他高考成为市理科状元后，记者来家里采访，光拍他的奖状、奖杯就拍了足足几分钟。

儿子足够优秀，女儿就不必过于关照，毕竟女儿早晚是要嫁出去的。这是家族里一贯的想法和做法。于是我就应该成为那个被忽略的人。但是爸爸不认同。他说："儿子女儿都是我的骨肉，只要她想，我就一定让她实现她的梦想。"爸爸后来说，好在我很争气，学习成绩好，所以一路进入了我梦寐以求的大学。女儿是爸爸的"小棉袄"，通过我的努力，爸爸切身感受到了这个"小棉袄"带给他的宽慰。

可是即便这么多年过去了，我依然无法忘记，在每一个春节，所有的亲戚朋友都到奶奶家吃团圆饭时，我和爸爸的尴尬与伤心。那时候，叔叔们都有自己舒适的工作，闲暇可以悠闲地打麻将、玩扑克，只有爸爸，一年到头不断地赚钱，为的是我们兄妹的学费还有家里所有的开销。我清晰地记得，每一个大年三十的下午，我都要跟妈妈一起去一趟超市，为的是给爸爸买一件过年的衣裳。

爸爸的付出我们懂得，可是叔叔们不懂。他们不理解爸爸的作为，认为儿子已经这样棒了，不必再为了女儿这样拼搏。他们的不理解不仅表现在口头上，还表现在了行动里，话里话外除了对爸爸的藐视，还有对爸爸的无礼。军人出身的爸爸是难以忍受这样的刺激的，可是他无法发作，只能用一杯一杯的酒麻醉自己。

妈妈是一个安静理智的人，哥哥是叔叔们的宠儿。只有我，紧紧拉着爸爸的手，我能清晰地感受到他的手在颤抖，并能看到爸爸眼中不断打转的泪水，可是我无能为力。是的，无能为力。那一刻，我深深地感受到"人微言轻"四个字带给我的无助。我想为爸爸辩护，我想尽女儿的能力保护爸爸。可是，当时的我做不到。

按传统，每年的春节都应该是欢乐幸福的日子，尤其是在吃团圆饭时，更应该是其乐融融的一刻。可是在我和爸爸心里，它一直是一道伤疤。吃完团圆饭，亲戚们继续一起打麻将，我和爸爸走路回家。奶奶家到我家的距离很短，可是在那个时候，我们却都觉得路很长，很长。

我边走边告诉自己，一定要努力，一定要珍惜我所有的机会，今天爸爸为我所受到的委屈，日后一定要十倍百倍地讨回来。

时至今日，当我写下这些文字的时候，我的成就已经让爸爸骄傲了很多年。所有的叔叔都不再像过去那样轻视爸爸了，并且时不时还会打电话来问候爸爸。而我也已经教会了爸爸，无论过去如何，今天他们尊敬你，你都应该接受，因为你值得。

很多人会说，因为小时候有这样的经历，会造成我的不服输或女强人的性格。其实事情刚好相反，它带给我的是激励，是思维的转移，当然更重要的是动力。比如，所有的亲戚春节请客的时候，都只请哥哥，你以为我不会介意吗？其实我会。但是我会转移角度来看问题，你们不请我去吃饭，我就可以有时间高高兴兴地在家陪妈妈看电视了。到我们都毕业参加工作后，家里所有走亲戚的工作全由哥哥来完成，而我落得一身轻松。

再后来，我有了更多的时间孝顺爸爸妈妈，因为毕竟从小我跟叔叔们都没有那么熟，这为我省去了太多的麻烦，甚至口舌之争。

对这段经历的总结和思考，也在我的工作中有了很好的体现。那就是，我学会了多看优点，同时运用优点，在工作中这让团队更默契，也让自己更轻松。这也是人们常说的，专业的人做专业的事。

我比较喜欢用"梦想"这个词来总结我的这段经历。我想，如果没有爸爸的支持，我可能根本无法完成大学学业，很多基本的技能，比如英语、商务谈判，比如出国旅行，等等，我更无法完成。正因为爸爸的选择和支持，我才实现了自己的梦想。

毕业之后的很多时间，我都用来钻研舞台表现，钻研演说技巧，因为我希望我关于梦想的故事可以被更多人知道，被更多的爸爸知道。

这也是为什么在一次大型会议结束后，记者采访我，问我想做一个怎样的人时，我说我想做一个有影响力的女人，我想帮助更多人、更多有梦想的女人。直至今天，我也一直在做这件事情。

这个梦想，陪我度过了最艰难的情感岁月；这个梦想，陪我度过了最孤独的创业时期；这个梦想，陪我度过了最贫穷、最无助的每一个时刻。创业之路从来都不是一帆风顺的，从助理到总裁的路，也不是。所以，我们最好从一开始就挖掘出自己的梦想，然后将它放在心底，用它不断地鞭策自己，让自己在黑暗的时候，在孤独的时候，在无助的时候，在迷茫的时候，拥有继续向前的动力。

　　梦想是一种内动力，也是一种无可替代的原动力。我希望你从一开始，就能找到它，因为接下来的路，可能会很艰辛，可能需要几年甚至几十年的时间去完成。我希望你从一开始就做好准备。

# 是否可以缩短从助理到总裁的时间

不同的人，实现梦想的时间是不同的，这也许跟人的天赋、背景、所处环境相关。但是有一点不可否认，那就是有些人可以在没有任何天赋、背景、优越环境的情况下逆袭成功。我有一位出身四川农村的朋友，他小时候连饭都吃不饱，也没能进入大学读书，但却能够在深圳这样竞争激烈的环境里，在新能源领域做到行业前列。

很多人跟我说，"富二代""官二代"在竞争中更有优势，他们无论是资源、背景还是个人习惯，都有良好的优势，所以对他们而言，实现成功用时会更短。

在大学毕业一年多时，我也曾有过这样的想法。那时候的我，工资不高，工作忙，几乎没有自己的休闲娱乐时间。每天不到 6 点就要起床，然后边吃早餐边挤公交车去公司，单程就需要 1 个多小时。

到公司之后，我要负责总裁办公室的打扫，要开窗通风换气，要给花浇水，要给地毯吸尘，要准备会议室，准备投影仪，准备会议纪要，准备茶水和茶具等，所有的事情都准备好后，就到了紧张的开会时间，而且我不能发言，只能端端正正地坐好，听好，做好会议纪要。

会议结束后，我要收拾会议室，要整理会议纪要，要发给总裁审核，然后要发给所有领导，并需要他们一一确认。如果是跟海外分公司的领导人沟通，还需要翻译所有的会议内容。鉴于总裁是一个特别严肃认真的人，我翻译完了，还要跟她解释一遍；她不明白的地方，我还要进一步解释；她有需要改动或添加的地方，处理完后还需要再跟她确认。然后才能发全版的英文邮件到海外分公司领导人的邮箱里。

那时我在工作日的中午没有休息时间，因为那时候公司出版的杂志里有英文部分，需要我完成所有的翻译工作。对于杂志封面、内容、刊登在杂志里的海外分公司领导人的照片、背景和介绍，我全都要翻译、核对清楚，然后给总裁审阅。杂志内容做好后，再跟印刷公司对接……

一天的工作下来，基本上已经到晚上 11 点了。这时候一想到第二天的工作与今天还是一模一样，根本不会有任何变化，心里就是一阵酸痛。

记得很多个夜晚，我一个人搭车几乎穿过整个深圳，回到家已经快深夜 1 点了。拖着疲惫的身体走进出租屋，我的内心隐隐作痛，一个人站在洗手间，开着水龙头，让水哗哗地流，让自己尽情地大哭……

我不敢打电话给爸妈，不敢让他们知道，自己过得不好，没钱也没时间。即便他们打电话过来的时候我正在哭泣，也要擦擦眼泪，再按下接听键，跟他们说："爸，我现在忙，待会儿打给你！"然后匆匆挂掉电话，调整呼吸，调整状态，10分钟之后，找个安静的地方，打电话过去，跟他们说："我很好，你们不用担心……"

这样的日子持续了一年多。那是我最没钱，也是哭泣最多的时候。

也曾想过，如果什么事情都不用自己操心，如果未来都可以由爸妈给规划好，那该多好！甚至有一段时间，我还在心里狠狠抱怨爸爸：为什么就不能给我一个官二代的身份，让我要操心这么多事情，这么累！

一个人来深圳闯，一个人找房子，一个人租房子，一个人找工作，一个人面试，一个人搭车，一个人吃饭，一个人处理工作……孤单寂寞冷。

可是，不能停下，不能放弃，因为心中还有梦想。在我心中，从来没有放弃过做总裁的梦，于是努力寻找各种有效路径。

虽然这段时间很辛苦，可是我学会了很多东西：比如，奢侈品鉴赏，因为那时候总裁送出去的所有东西几乎都是奢侈品，LV手袋、BOOS西装、爱马仕丝巾……在帮忙购买这些东西的过程中，我了解了品牌历史，学会了奢侈品搭配，学会了什么人适合送什么礼品。

比如，我学会了人情世故。每天需要跟各种不同的人打交道，因为是助理，所以不可以任性，不可以有任何越界行为，要礼貌，还要适度，要跟所有的领导处理好关系，不能太亲密，也不能太疏远。助理的工作烦琐，可是要保持良好的形象和情绪，因为这是我的工作。

比如，我中英文翻译水平大大提高。几乎每天都需要跟不同国家的模特沟通工作，有口头的，有通过邮件的。

比如，我拥有了良好的品位。因为需要跟不同的会场沟通走秀活动，因为要跟不同的领导进行晚宴和会议洽谈工作，因为要跟不同的领导太太介绍我们的优势……

这一切都是在其他行业、其他工作岗位无法得到的，所以，即便很辛苦，我依然勇敢地坚持了下来。它让我以最快的速度熟悉了总裁的圈子，还有总裁的品位；它让我在合适的时机就可以立马开始我的总裁路。

那么，从助理到总裁有捷径吗？答案是，有！

## 选对行业

一个人如果选错了行业，工作不开心不说，还学不到该有的技能。结果即便是有做总裁的梦想，也是很难实现的。

选对行业，需要分析大环境和小环境。大环境是指正在突飞猛进发展的行业。如果自己选的是一个凋零的行业，那么无论怎样做都是很难有大前途的。小环境是指自己的个人喜好和志向，一个人很难在自己不喜欢和不擅长的行业里成功。所以，分析小环境，就需要知道自己爱做什么，想在未来的哪个方向有所突破。

开始的时候，可能我们还没有办法让自己的梦想十分清晰，但是至少要保证自己所走的大方向是对的，这能让我们少做很多无用功。只是这时候，我们不能好高骛远，要扎实地做好基本功。换工作的频率太高，一方面不利于自己掌握核心技能；另一方面，也不利于自己薪水的上升。

## 找到自己的圈子和导师

当你还是一个助理的时候，你的圈子里不能全部是做助理的人。一个人的圈子一旦没有上升空间，"八卦"和乱七八糟的事情就来了。

　　这时候要找到自己的导师。能做导师的人，一定是在社会资源和为人处世方面值得你欣赏，同时还能给你有效指点的人。这样的人多了，你的工作环境会愉悦很多。

　　当然，你不一定所有人的话都要听，但是至少能知道自己接下来的方向，也就是你希望自己成为怎样的人。

## 有一点幽默感

　　遇到一些棘手尴尬的事情时，用一点幽默感就能轻松化解尴尬，保全双方的面子，使交流气氛更加融洽，避免很多尴尬和不必要的麻烦，从而最终达到自己想要的结果。

# 老板最喜欢怎样的助理

我在 A 公司做总裁助理的时候，刚到公司的第一个星期，老板赵总就让我做会议纪要。赵总要求我每次开完会都必须在一个小时之内完成会议纪要的整理，然后分发给所有部门的负责人。

于是，每次开完会，我先协助后勤人员把会议室收拾干净，再回到自己的座位上。这样基本 10 分钟就过去了。然后我打开在会议上做记录的笔记本，准备写会议纪要，却完全不明白要怎样开始。而到此时，会议已经结束差不多半小时了。当我构思好，准备在电脑上写的时候，客户来了，我要马上去泡茶。结果，一小时过去了，我的会议纪要还完全没有着落。

没办法，我只好悄悄走进隔壁设计部办公室找到小张，跟她说："我需要帮助。"（因为我知道在我来之前，公司的会议纪要是由小张负责的。）小张心领神会，15 分钟后，洋洋洒洒的一大篇会议纪要就发到了我的邮箱。我赶紧加上总裁办公室的页眉和页脚，迅速发到赵总邮箱，第一时间让他审核；然后再以最快的速度，用总裁助理邮箱发到公司所有负责人的邮箱，并且在工作群里提醒大家查看邮件。

每周一开完会后写会议纪要这件事，让我很头痛，因此，我特别害怕周一，害怕开会。在小张大概帮我写了三次会议纪要之后，赵总找到我，问会议纪要是不是小张做的。我看着赵总，说是的，并且告诉了他我忙碌的周一是什么样的。

赵总让我把小张叫来，他当面跟小张说："以后的会议纪要由你来教 Rose（我的英文名）做！"我站在旁边，心里松了一口气。

中午的时候，我跟赵总还有小张一起吃饭。我给赵总盛好了汤之后，问他："赵总，我的会议纪要做得不好，会不会影响您对我的绩效考核？"

赵总看看我，又看看小张，然后说："其实我当初聘用你，最看好的是你的口才和察言观色的能力，你在上一家公司能把大家都安排得舒服，还能处理好宴请、商务谈判、出行等相关工作，同时还能主持公司会议、年会等，这些都非常好。但是你一定要知道，能写是一项核心的本事，有了这个本事，你在我身边会更加优秀。我让小张以后在写会议纪要上多教你，就是让你在公司能够进一步突破自己，把助理这个工作做得更好。"我听完赵总的话，感恩之余，也感受到了责任的重大。

中午吃完饭回到办公室，我打开了公司的薪资表，很吃惊又很确信地看到，小张的工资不仅是部门里最高的，而且是公司领导层中不需要业绩考核的人。而我作为总裁的助理，薪资只是小张工资的一半，绩效考核还有一大堆。

我打开了小张所在的设计部设计的刊物，一期一期地查看小张设计的作品；打开了小张的工作汇报邮件，一封一封地查阅。我发现小张不仅文笔好，设计出的作品也特别符合公司的理念和发展规划。更重要的是，通过阅览她的每一封工作汇报邮件，我发现她是所有员工里面最早汇报工作，且工作完成的质量和效率都是最高的那一个。我再查看公司的餐饮报销表，发现几乎每份赵总出去应酬时参加宴请的人员名单上都有小张的名字。其实小张长相一般，话也不多，但是赵总很喜欢带她一起参加公司几乎所有的应酬。可以看出，在所有员工中，小张是赵总最喜欢的员工，没有之一。

从那以后，我每天都会花一些时间，练习自己的写作能力，每天早晨早半个小时到公司，先规划当天的工作，然后就阅读小张的文稿，学习她的写作风格。

一个月后，我不需要小张指导，顺利地写出了会议纪要，而且得到了赵总的表扬。当时我的心里很兴奋，但是我也告诉自己，这只是我努力成长的一个开始。

离开公司创业之后，我依然跟赵总有联系，彼此算是朋友。我很感谢他带给我的成长，而在我自己做老板招聘员工时，也把会写当成一项核心的指标。

一个会写的人，内心一定能够驱使自己平静下来，因为内心不宁静，文字是无法写出来的；一个会写的人，一定是一个擅长观察和擅长记录的人，因为只有观察和记录，才能让自己有素材可写，并且视角独特；一个会写的人，一定是一个拥有良好生活习惯的人，如若不然，在一线城市这样强大的生活压力之下，又怎能让自己有安心写作的时间？

## 助理需要跟所有人搞好关系吗

Q 公司是我职业生涯中的第二家公司，当时 Q 公司要筹备在美国纳斯达克上市，我凭着良好的英语水平战胜其他应聘人员而被录用。我的主要工作是与上市运营团队对接，筹备资料，当然还有翻译资料。与我同一个办公室的女孩叫婷婷，她是标准的总裁助理，负责安排总裁的一切事务。

我们一起工作不到一个月，我发现，几乎所有来我们办公室的人都只跟婷婷打招呼，几乎不怎么跟我搭讪，就连其他分公司的领导过来，也是直接找婷婷，压根不搭理我。

我实在看不下去了，于是趁着休息或午餐时间，去跟其他部门的员工互动。因为我觉得，应该是我平时与大家互动得太少，所以大家不怎么认识我。

我跟分公司负责人的秘书联系，跟她聊时尚，聊经济发展……把她聊得特别开心；我跟生物科技分公司的负责人打招呼，夸她妆化得好，夸她部门管理得好……把她夸得满脸兴奋。可是将近半个月过去了，我在办公室被忽略的情况并没有任何好转。我当时真是特别郁闷！

三个月后，婷婷离职，要回家结婚生小孩，我成为她的职位的唯一接替人。

这样，我的工作除了要跟上市运营团队对接，还要负责总裁助理的所有事务。公司还招聘了一位新的秘书阿梅帮助我完成端茶倒水、打理会议室这样的事务。

我开始频频出席公司的高层会议，与公司各部门负责人一起开会对接工作。并且带着上市运营团队一起跟各部门负责人洽谈细节业务，以便把文件处理得更加细致完善。

处理完工作的时间，我喜欢自己一个人听听音乐休息放松一下大脑，但是各个部门的负责人、秘书都会过来跟我打招呼，跟我聊天气、聊护肤品、聊美容、聊下班后的安排，并且每逢节假日的时候，我还有各种各样的礼物收。

我成了办公室里的"万人迷"！

我有点奇怪，其实那时我自己跟大家的联系与之前并没有任何不同，只是因为我的工作范围变动，我所得到的待遇与之前相比可以说是天壤之别。

我开始观察，我发现阿梅成了当初的那个我，那个被忽略的人。需要跟我做工作汇报的所有负责人，每周都至少会过来跟我打三次招呼，寒暄、瞎聊；所有负责人的秘书，几乎每天都会跟我一起聊天互动，吃饭的时候，也会跟我一起吃；所有负责人几乎清一色都会在放假来临前送我礼物，从吃的到用的。

我曾经那么纠结如何搞好办公室关系这件事，居然如此轻松地就化解了！

作为助理，需要主动去跟所有人搞好关系吗？我的亲身经历告诉大家——不需要。随着工作的深入和需要对接的人的增多，与你业务有联系的人自然都会主动过来找你沟通。而在你没有接触和处理这些核心工作的时候，无论怎样努力去跟大家搞关系，他们都不会买账。

在职场，最重要的是你的职业技能，只有职业技能过硬了，你才有机会接触公司的核心业务；而一旦进入核心业务层面，你想要的关系还能成为一种担心吗？

## 面对职场黑幕，助理要不要给老板打小报告

小丽去 B 公司应聘总裁助理时特别兴奋，因为 B 公司是一家模特公司，小丽可以每天接触到时尚界最前沿的东西。因此，在负责人刘总询问她对薪资有什么要求时，小丽高兴地说："没要求，只要能给我这个机会就好。"最终小丽顺利进入 B 公司工作，月薪是 2500 元。

虽然薪水实在少得可怜，可是小丽觉得能有这样的机会，也算是值了，于是每天勤勤恳恳地工作。

刘总是公司的秘书长，负责公司几乎所有的商务对接，作为助理，小丽的很多工作都需要跟刘总配合，总裁只有在最后定夺的时候才会出面。

小丽观察到，刘总特别懂人情世故，无论是宴请客户还是商务谈判，都能让客户心情愉快。即使最后不能合作，这些人对刘总也会感恩不已，加上刘总长得又帅，这都让涉世未深的小丽对其崇拜不已。

有一次总裁举办生日派对，很多合作伙伴都来了，待派对结束，已经是深夜 1 点多了。总裁说这么晚了小丽一个人回家不方便，让刘总顺路送一下小丽。

上了刘总的车，小丽发现刘总的车上有各式各样的礼品，包括酒、烟、纪念品等。刘总还跟小丽分享了很多自己的商务心得，小丽当时完全沉浸在对刘总的崇拜之中，所以一路上基本都是在夸奖刘总。

之后刘总再出去洽谈客户，基本每次都会带上小丽。初出茅庐的小丽真是大开眼界，因为跟刘总去的场合不是高档的艺术馆，就是高档酒楼、高档夜总会……小丽真是感慨世界之大。

再之后，小丽发现刘总在餐桌上有时候根本不会谈跟公司项目挂钩的事情，而是谈自己跟对方或是参股或是分红的合作。但是回公司，刘总在工作汇报上写的却都是洽谈公司的业务，并且还把吃饭的账目申请报销，自己开车的油钱也申请报销。小丽明明记得，每次出去吃饭，都是客户埋单。

她觉得刘总是在利用公司给自己拉业务，赚外快，因此，小丽对刘总的崇拜之情开始逐渐减少，甚至最后变成了鄙夷。

有一次公司举办的大型走秀结束之后，小丽晚上加班做工作总结，最后办公室里就剩下小丽和总裁两个人了。

看到小丽如此认真努力地工作，并且总结做得非常好，总裁十分满意，于是叫了外卖，开了瓶红酒，两个人在办公室的沙发上喝酒聊天。

两个人在聊了各自的很多有趣的话题之后，小丽经过一番思想斗争，最后决定跟总裁说说刘总的事情。于是她跟总裁说："老板，你知道刘总利用工作便利都在为自己赚钱吗？他有很多次在工作时间出去，其实去谈的都不是关于公司的工作，而是他自己的；他的很多报销单据都是假的；他还收了很多客户的礼物……"

小丽边说边观察总裁的反应。没想到总裁并没有大发雷霆，只是针对一些事情问了小丽一些细节，然后就安排司机把小丽送回家去了。

第二天，小丽去上班，以为总裁会有所行动，但是没有；第三天，也没有；第四天，依然没有……总裁好像什么事情都没发生过一样。这让小丽有点蒙了。明明自己做得对啊，怎么老板一点反应都没有呢？

真正有反应的事情发生在半个月后。那次，公司开记者招待会，宣布下一季度公司的规划，以及公布已经签约的模特名单。招待会举办的地点是在总裁一位关系很好的朋友李总的酒店。

因为招待会的很多细节工作都是小丽负责的，于是小丽有了很多跟李总私下见面的机会。而李总也是特别会做事的人，他不仅送给小丽漂亮的包包，还让小丽没事的时候多带模特去他的会所玩。

周末，小丽真的带了模特去了李总的会所。李总专门给小丽安排了身体按摩、头发和面部护理，小丽特别享受。在李总的会所里，小丽度过了一个非常愉快的周末。

但是周一上班，小丽却被拦在了门外，并被告知她被公司解雇了，理由是不遵守公司规则，私自带公司的签约模特出去拜见客户并享受好处。告知小丽这一切的人，正好就是刘总。

在刘总的监视之下，小丽不可以打开电脑删除任何东西，不可以动办公室任何别的物品，只被允许把自己的东西拿走。

小丽安静地收拾东西，没有说话，心里想着："唉，又要重新开始找工作了。"

于是有一点伤感，但是也告诉自己没事，这也不是什么大事。

这时，站在一旁的刘总却开始说话了："小丽，知道你为什么离职这么突然吗？"

小丽摇了摇头。

"听说你跟老板讲了不少关于我的事？"

小丽没有回答。

"唉，小姑娘，职场水深着呢，以后还是不要多嘴的好！"

小丽没有说话，眼泪却忍不住流了下来。

她迅速装好了东西，就在刘总带笑的眼皮底下，灰溜溜地逃出了公司。

其实刘总的那一套，总裁早就知道了。总裁的底线是，只要刘总能把公司的业务对接好，其他客户资源，刘总能用，那是刘总的本事。

可是，那时，单纯的小丽却不知道这一点。

刘总是多么精明的人，开始的时候享受着小丽对他的崇拜，于是在她面前展示了他的能力和手腕，可是他渐渐发现，小丽对自己不像之前那么尊重和崇拜了，于是开始关注小丽的一举一动。那天小丽跟总裁在办公室里喝酒聊天，刘总其实并没有走，他刚好就在门外，对小丽的一举一动，他都心知肚明。于是很自然的，小丽以为自己带模特出去玩玩，不会有人知道，最后却成了刘总踢走她的把柄。

在一些企业里，尤其是在一些私营企业里，对于职员利用公司资源谋私利这件事，很多时候，聪明的老板都是心知肚明的，但老板自己会权衡利弊。作为助理，如果不管不顾地打小报告，最后很可能就会像小丽一样，受伤的是自己。

遇到这种情况，建议助理还是慎重行事，毕竟如果是正规的公司，一定有公司相对应的处罚；如果不是那么正规的公司，老板知道了也会不管不问，做助理的你着什么急呢？

## 助理的职业发展方向有哪些

秋季的深圳清晨，有一丝丝凉意，公园里晨练的人们已经三三两两出来了。昨天刚刚读完央视主持人李思思的书《有点意思》，该书主要讲述的是李思思面对人生各个关键时刻的选择。李思思是家里的独生女，上初中以前她是一个连长发都不会洗的"衣来伸手，饭来张口"的人。因此，她这一路走来遇到的几乎所有关于选择的问题，都不需要她操心。

我走在公园的路上，大脑里一遍又一遍地梳理我身边的朋友、合作伙伴、我喜欢的还有喜欢我的人，我发现我们都有一个共同特点：我们都是白手起家创业的人。换句话说，我们都是必须靠自己做选择的人。

高考前夕，我紧张得不得了，可是这时候我没有可以倾诉的对象，每晚听着许美静的歌声入睡，醒来继续啃书本。后来因为自己喜欢英语，于是自作主张报考了西安外国语大学，父母知道的时候，我已经被录取了。

大学期间，我几乎全是靠自己兼职赚来的钱去其他城市实习，去其他国家游玩。毕业后面临着是留在西安工作还是去其他城市发展的问题时也没有人可以商量，直到离开西安，到深圳半年后，我才跟爸妈说。

第一份工作，第二份工作，去香港公司工作，创业，出国，爱情，自己未来的风格……几乎我的每一个选择，都由自己做决定。

那些孤独的夜晚，那些迷茫的泪水，那些失恋后伤心彷徨的日子……

当我读到李思思那些文字的时候，我的内心不知道是庆幸还是感伤。是庆幸自己的独立，还是感伤自己没人可以求助？对于这个问题，我想了很久。同时，我也想到了我身边很多的创业者，我们为什么彼此欣赏、彼此喜欢？也许我们喜欢的就是彼此身上那种独立与诚实，那份简单与努力。我们身后没有可以依赖的父母，父母能给我们这个走出去的机会，已经尽了最大的努力；我们身边没有可以炫耀、可以借助的资源，父母能带给我们的除了最基本的生活需求，别的都给不了；我们甚至没有可以作为资本的脸蛋、身段，当然还有手段……

我们只能低下头，弯下腰，带着笑脸，拿起专业，提高水平，一次又一次选择，然后在这样的一线城市——

崛起！

我们就是这样一路为自己做选择，选择之后下定决心跪着也要把路走完！

我很庆幸，我与身边的这些人，我们都没有抱怨父母给不了我们安逸的生活环境和雄厚的社会资源，即便在我们最低迷、最无助、最贫穷的日子里，我们依然感激父母的努力，因为那是他们在能力范围内所能给予我们的最好条件。

在做助理的 4 年中，面对未来选择，我做了很多规划。权衡利弊之后，我最终选择了最初就想选的那条路——创业。

当然，这只是我的个人选择。而对于从事助理这份工作的人来说，除了创业，还有很多其他的职业方向可以选择。


## 做老板娘

我的身边有很多姑娘都选择了这条路，然后就开始了"我负责貌美如花，你负责赚钱养家"的简单生活模式。不是说生活没有苦恼，而是在物质充盈的条件下，出现一些生活上的烦恼，在她们眼中也属正常。

这是一种最简单的选择，可以直奔人生的物质高峰，过上衣食无忧的生活。如果你不想自己奋斗，而且有能力驾驭这种生活，那你也可以尝试。每个人都有自己的价值观，无所谓好坏，自己认可即可。

## 做人力资源部总监

作为助理，凭借自己对日常工作内容和所在公司的了解，可以使自己相对其他人来说，更熟悉公司需要什么样的人才。所以，从事人力资源方面的工作，会是助理升职的一个方向。

如果作为助理，你很优秀，善于与人沟通，善于与人打交道，还能跟总裁等高端人士配合默契，能够出席很多重要场合，那么你的身价就会倍增，坐上人力资源部总监的宝座也指日可待。

## 做部门经理或者创业

选择这个方向的助理都有一个共同点，那就是营销能力强。这类助理很可能去的部门也是销售部，做销售部经理

（总监），或者像我一样，直接创业。营销能力强的助理到哪儿都是香饽饽。

我打算离开香港公司自己创业时，其他几家公司想挖我，所给的待遇都是年薪 50 万＋分红＋奖金，按照当时我的销售水平，轻松年入百万。但是我知道自己已经受够了听人指挥，而且我需要累积的职业技能也差不多了，所以，我必须开始做自己爱做并且未来想一直做的事情，于是我毫不犹豫地选择了创业。

但是如果你不想背负太多创业的压力，承担太大的风险，去一家公司负责销售部门，也是一个不错的选择。


## 做股东

如果在做助理时已经学到了核心的职业技能，并且与总裁关系也十分好，那么选择做股东也是可以的。

这样的助理在工作期间大都深得总裁欣赏，最后就顺理成章地成了公司股东。一般这种情况，总裁会给助理一部分股份，助理再自己买一部分股票。

## 回家结婚生小孩，几年后再出来打工或创业

一般来说，在这种情况下，大部分人的职业生涯会被迫中断，几年后再出来，职业竞争力就会大大下降。聪明的那一部分人，再就业时会选择自己创业，或许也能拥有一个好前程。

人们很难被说服，人们只愿意做选择。选择没有对与错，作为成年人，只要学会了为选择结果负责，无论哪一种选择，都能活出精彩。

如果你跟我一样，打算踏上创业之路，那我们就一起愉快地踏上总裁之旅吧。

第二章

什么时候开始
做总裁比较合适

# 为什么选择从助理开始做起

认识阿凯，是在龙哥 45 岁的生日聚会上。我和莉莉驱车从深圳罗湖出发，前往位于南山龙哥订的会所包厢。在门口迎接我们的正是阿凯，阿凯身高有一米八，短卷发，笑起来有两个酒窝。他跟我们握手，并且自我介绍说："我是龙哥的助理阿凯。"我和莉莉跟着笑容灿烂的阿凯进入里间的包厢。

龙哥正在沙发上等我们，见我们进来，很开心地跟我们介绍："这是我好兄弟阿凯。"

生日聚会上的阿凯很会处理客户关系，无论是有关酒水、唱歌方面的事项，还是新朋友介绍，都把大家照顾得很好。而龙哥只需要在一旁唱歌就好。

第一次见到的阿凯，给我们留下的印象不错。

龙哥在深圳从事房地产生意，认识龙哥这么多年，他身边的助理不断，很多最后都成了他公司的高管。我们相信阿凯能被龙哥看重，身上一定有异于常人的地方。

第二次见到阿凯，是在一次酒席上，龙哥说几个月不见了，约大家一起聚聚。一起去的还有阿凯的女朋友，一个在深圳做奢侈品生意的美女。一米七的身高，齐腰长发，妖艳，妩媚。

那天吃饭，大家都喝了不少酒。阿凯的女朋友喝得有点多，阿凯阻止她继续胡闹，却被她凶了回来。阿凯一个人默默地向隔壁房间走去。看到了他的失落，我倒了两杯热水，跟过去。阿凯蹲在隔壁房间的拐角处，有一点伤感。

我递给他一杯水，触发了他的倾诉欲，他说："我把控不住她，每次喝完酒都这样胡闹，根本不考虑我的感受。"阿凯眼眶里有泪水，声音有点哽咽。

我没有说话。

阿凯开始向我敞开心扉，他在深圳这个地方，有时候有一点孤独。那次也是一样，跟女朋友吵架之后，一个人在外面转，刚好遇到几个人在打架，他帮了被打的那个人。事后才知道，被打的那个人就是龙哥，当时因为建筑工程款的纠纷，一些人在晚上堵住了龙哥。

那天晚上也幸亏阿凯帮忙，龙哥才没有受重伤，但是龙哥从此对阿凯十分感恩，在公司给了阿凯一个职位。龙哥出行都跟阿凯以兄弟相称，但是阿凯总是谦虚地说自己只是助理。

　　龙哥知道阿凯女朋友的事情之后，让他认真选择。但是阿凯实在爱得太深了，虽然一次次心痛，可是他根本放不下。龙哥帮阿凯在深圳买了房子、车子，阿凯以为跟女朋友的感情能就此好起来，可是每次喝完酒，女朋友依然变成他不喜欢的样子。这让阿凯十分苦恼。

　　第三次见到阿凯，是半年后在他的婚礼上。我和莉莉一起参加了阿凯的婚礼，新娘是一位气质不凡的美丽女子，看阿凯的眼神满是崇拜。婚礼气氛温馨，情意浓浓，看得出，他们彼此都已经成为对方的最爱。

　　我们为阿凯感到开心。我问阿凯为什么选择做总裁助理这条路并一直走下去。阿凯说："现阶段，从我自身角度看，做助理，不用承担所有风险，内心踏实安定；做助理，能力要有，但不能盖过老板的风头，能跟老板做朋友；做助理，每天跟老板一起出行，见识形形色色的人，长见识。"

　　最后阿凯强调说："做助理，一旦得到老板的信任，房子、车子这些在外人眼中遥不可及的东西，变得触手可及，甚至能轻易得到。"

　　阿凯说，要想拥有内心的安定和生活的富足，凭他自己的本事，至少需要 10 年的时间。可是这些龙哥轻易就帮他做到了，所以他更要感恩。

　　而龙哥说，阿凯替他挡了很多风险，给他这些，值得。

每个人都有梦想，可是在实现梦想的路上，开始的时候，无论是实力方面，还是抵抗风险方面，我们可能都还不够强大。这时我们要想尽快成长，不妨选择跟随合适的老板一路前行，有时候借势比硬拼更有效。

## 我的个人商业模式是怎样的

越来越多的国外品牌开始觊觎中国市场。维多利亚的秘密也开始了在亚洲地区的大规模布局。我花了整整两天的时间，看完了 2017 年的《天使之路》节目，内心有很多触动。

其实做模特是我从小的梦想，可是我这一生都做不到，因为我的身高是硬伤。

我在上大学的时候，甚至对这个梦想的破灭产生过短暂的抱怨和对生活的不满。但在认清现状之后，我开始对自己的商业模式进行了升级。我问自己：

1. 我有哪些本事可以用来弥补自己的不足？

2. 我这辈子最想成为怎样的人？

带着这两个问题毕业的我开始走进职场。熟悉我的人都知道，我的第一份工作就是做一家国际模特经纪公司总裁的助理。在得到这份工作之前，我对自己做了深入的分析。既然我的硬性条件不符合，那么我的软性条件呢？

1.我对模特这个行业十分喜欢，所以我一定要进入这个行业。

2.我刚刚大学毕业，没有任何工作经验，我如何战胜其他竞争者？答案是，我是外国语大学毕业的高才生，我的英语十分流利。这是我的优势，所以我最好寻找机会接触外国人，发挥这个优势。

凭借以上的这两点，我成功进入一家国际模特经纪公司，开启了我的职业生涯。

从这份工作中，我获得了为我未来的工作生活提供极大便利的东西：

1.国际视野。视野和思维的开阔让我在未来的生活中思考事情更加全面，同时养成了自己的大气格局。这让我终身受用。

2.良好的社交能力。因为接触的人足够多，经历的事足够复杂，"见人说人话，见鬼说鬼话"的比喻可能不太恰当，但是它足以彰显了我的社交能力。面对不同的人和事，我采用不同的处置方案，结果往往能令对方满意而归。

这份工作还让我发掘了自己的另外两个核心优势。

1.我的口才。在与人不断交流和接触中，我的口才被磨炼得越来越好，当我临时被迫做主持人的时候，居然赢得了全场的喝彩（大家知道，如今我已经是一名非常优秀的招商主持人了），这为我之后的收入渠道奠定了另外一个基础。

2.我的逻辑思维和模仿能力。我有一个本事，那就是无论是在视频中看到的，还是听到的其他人的亲身经历，都能复制。

于是，在之后的很长时间里，我顺着优势不断打磨自己的能力。

为了提高口才，我接受了专业的口才训练，并且把做主持人作为自己的兴趣爱好。因此，业余时间我基本上都是在舞台上度过的。后来我还参加了很多平台的演讲比赛、主持人比赛，逐渐让自己的口才达到了专业水平。

良好的视野和社交能力让我开始有意识结交很多厉害的人，形成了不错的人脉圈。

在这个过程中，也让我的女性魅力也越来越强大，无论是与优秀的男士合作，还是在日后寻找自己的另一半时，我都充分发挥自己的魅力，并且收获了极大的成功。

当我思考完有哪些优势可以弥补整体不足时，我立即去充分挖掘和发挥优势，因此，我收获了飞跃性的进步。

然后我开始思考第二个问题：这辈子我最想成为怎样的人？分析到最后，我发现我最想成为的是一个有影响力的女人。那么有影响力的女人，需要哪些硬性和软性条件？

硬性条件：个人成就，社会财富；

软性条件：个人技能，个人价值。

我们可以发现，无论是硬性条件还是软性条件，都涉及一个核心问题，即钱的问题。也就是要有足够多的钱来支撑自己的社会地位和社会价值，然后才能在影响力这条路上迈开第一步。

那么，世界上到底用什么方式最能赚钱并且能最快赚钱？那就是让钱生钱。于是，理所当然地，我进入了金融领域，开始了可以让钱生钱的职业生涯。

人的潜能和智慧总能在实践中不断得到启发。在你最想成功的核心领域，你总能完成别人眼中似乎不可能的事情。只有不断挖掘自己的潜能，并不断去实践，才会一步步战胜自己，获得自己想要的结果。而且，在年收入过百万的人群中，没有任何人是靠单一收入的。只有一步步不断去升级自己的商业模式，我们才能完成别人认为不可能的事情。

而基础的个人商业模式升级，我们需要做到以下两点：一是熟悉个人优劣势，并且不断发挥优势；二是明白自己到底要什么。

明白以上两点后，在实践中不断提升自己，对自己的单位时间价值评估、单位时间出售，以及如何成为一个精明的时间买卖人，都会是我们在之后的总裁生涯中需要不断解决的问题。

如果基础没有做好，那升级又从哪里来？

有谁是一开始就站在巅峰的？所以，持续去做吧！

# 走上总裁路，最需要注意的是什么

在闲暇时间，我把《全美超模大赛》第 23 季（*America's Nest Top Model Season 23*）看完了，一直非常喜欢泰拉·班克斯（Tyra Banks）的主持，这一季换了瑞塔·奥拉（Rita Ora）做主持人，泰拉是制作人。

无论是形象、谈吐、口才还是风格、气场，泰拉和瑞塔都给我留下了深刻的印象，二人都很好地诠释了超模大赛的主旨，即 3B 法则：boss/business/brand（老板 / 商业 / 品牌）。

能直接将商业放进比赛内容的赛事不多，比如在比赛中，参赛者除了要比基本的猫步、硬照、口才、表演和视频拍摄，还要比自己玩社交媒体的水平，比社交粉丝数量、上传图片的技巧，以及与观众的互动能力。

最让我惊喜的是，比赛的第二个内容是裸照拍摄，还有穿着三点式内衣去街上跟人互动拍视频。

这样的比赛尺度很大，挑战的是选手的自信、胆识和对自己身体的热爱。

一般这种赛事的视频都会在剪辑时加上赛事过程中模特们的观点旁白，而美国这场赛事的旁白内容之"现实"，让我震惊。在我看来，那些话最多、对别人评价最多、最喜欢对别人指手画脚的参赛选手，都没有走到最后。在《全美超模大赛》第23季里，这个观点得到了最好的印证。

这让我想起了我在几次演讲大赛拿到冠军之后，主持人对我的采访。他问我，你认为演讲高手最核心的本事是什么？

我说："真正的演讲高手不是说得有多么厉害，而是他懂得什么时候该开口，什么时候该闭嘴。"

不该说、不该评价的时候，保持闭嘴，除了显示了自己的水准，还显示了自己的修养！

选手考特尼（Courtny）长着一张标准的高级模特脸，也就是超模脸，拍的很多硬照都是第一名。但是在90天的接触里，她几乎跟所有的参赛选手都相处不好，大家也都不喜欢她。视频旁白里面，几乎所有的选手都看不惯她。而她也是一样，她对很多其他选手的评价都让人很不舒服。不过这也刚好印证了一点，就是当你看别人不顺眼的时候，其实别人也看你不顺眼！

甚至在她一次获得冠军得到一个出游机会的时候，所有人都拍手称快，说终于可以有一天时间摆脱她了。

　　她差一点因为跟其他人的糟糕关系而被踢出局。这是一件多么可悲的事情。

　　中国有句话叫，女人何苦为难女人。别人那样讨厌自己了，为什么自己还不检讨一下，而是继续如此恶毒地给别人做不好的评价，让恶性循环持续不止？

　　最让我吃惊的是科迪（Cody）双胞胎姐妹。

　　作为姐妹，无论是在比赛中还是在生活里，都应该互相爱护和照顾，而她俩却向我们演绎了什么叫利益比血脉更重要。

　　姐姐很强势，所以拍照片力量感很足。但是因为她脾气火暴，跟考特尼等人关系都不好，甚至经常吵架。此时的妹妹在姐姐的光环之下，只能说表现平平。

　　后来姐姐因一次疏忽而被淘汰出局了。妹妹在旁白里面说，姐姐终于走了，现在她可以向世界证明，自己才是那个最有能力的人。

　　可是天不遂人愿，赛事节目组在后来又安排一场淘汰选手的晋级机会，姐姐凭借优美的舞蹈和大气的硬照回归比赛。此时的妹妹却完全不认同姐姐，认为姐姐是自己最大的竞争对手。甚至在回到宿舍之后，都不让姐姐再跟自己住在一个房间。

　　姐姐也看不惯妹妹，认为妹妹没啥了不起。于是二人明争暗斗，甚至主持人来到宿舍跟大家聊天的时间，都被二人完全用来吐槽对方了。这让其他所有选手都很不满。

　　姐妹俩的矛盾从此升级，第一次硬照拍摄，姐姐发挥不佳，被淘汰。宣布姐姐被淘汰的那一刻，妹妹居然笑了，甚至在后面的一次表演比拼中，让她表达因姐姐失去比赛资格而产生的忧伤情绪，她都表达不出来。她竟然说："姐姐走了，我太开心了，我完全找不到忧伤的感觉，如何表达？"

　　好景不长，姐姐走后的下一场比赛，妹妹就被淘汰了。

　　这个世界从来不会给谁太多，或者给谁太少。看姐妹俩的视频旁白，无论是互相攻击，还是对其他选手的评价，都堪称恶毒。

　　塔提阿娜（Tatiana）本身是一位创业者，自己运营一个品牌。这让她在之前的比赛里游刃有余，但是越往后，随着比赛内容的增加，被逼走出舒适区之后，她的恶毒就全部表现出来了。

　　除了在视频旁白里对其他选手表现出不屑和看不起，在私下跟大家的相处里也明显看出她高高在上的样子。在她眼里，只有商业、个人品牌，没有其他人，甚至连基本的爱都没有。整个旁白录制中，她的话算是最多的，但这些话总结起来，几乎无一例外的都是"我是最牛的，别人都是渣"。

因蒂亚（India）是大赛的冠军选手，成为《全美超模大赛》第23季的冠军，她的表现是我今天最想表达的内容。

因蒂亚很善良，几乎她所有的视频旁白都专注在自己身上，表现得不好的时候，她告诉自己，下面要加油了；表现好的时候，为自己祝福。不对其他人指手画脚，不会看不惯这个看不惯那个。这些表现都让她成为所有选手里面最受欢迎的那个人。

无论小的比赛谁获胜，主持人问想带哪位姐妹一起去享受获胜待遇的时候，因蒂亚都是别人的第一人选。

善良还表现在她的笑容里面。中间有一个环节，视频里放出了她跟妈妈的一张照片，两个人的笑容真是打动人心，那么灿烂，那么光鲜，那么干净！善良的人，连笑容都是感染人的！

在节目中，最难跟所有人相处的考特尼最后被采访时候说最感谢的是因蒂亚，因为因蒂亚很包容她，只有在因蒂亚的面前，自己才可以肆无忌惮地吃冰激凌。考特尼说因蒂亚对自己像姐姐一样照顾，这是她在整个公寓中感受到的唯一的温暖。说实话，在这里，我被触动了。

一个心中有爱的人，无论在怎样的拍摄环境里，都能拍出吸引人的东西，无论是硬照还是视频。

决定整个大赛选手去留的比赛，一共有 14 次，因蒂亚拿了 5 次第一名！她的善良、她的笑容、她的爱，让人温暖，让人舒服！

上帝从来不会辜负任何一个善待生命的人。于是 India 成为最后那个最幸运的人。

在这么多年的奋斗中，我走南闯北，见过很多人，被骗过、被打击过、被欺负过，可是现在我依然活得很潇洒。这份潇洒，不仅是外在的光鲜亮丽，更多的是内在的坦荡充实。我的内心里没有愧疚，没有后悔，因为前进中的每一步，我都告诉自己善良是根本。无论外界给予我怎样的不公平，我都用善良去应对；无论是原谅还是放手，我都用爱去包容，用微笑去面对。

在从助理成为总裁的路径上，我也真心希望大家，无论未来会遇到怎样的挑战，遇到怎样的低谷，我们都要永远保持这份善良、这份爱、这份真心的笑容，因为走到最后的人，永远是那个内心坚定而又没有愧疚感的人。

# 你是适合给别人打工，还是适合自己创业

　　为了确保我们在助理这个职位上有的放矢，为未来做好准备，同时又能避免眼高手低、不注重当下，我们必须弄明白，自己是适合一直给别人打工，未来做职业经理人，还是适合独立创业。了解了这些，有利于我们在从助理到总裁的过渡时间里保持高效。

　　我们首先来看一下创业的前提。

## 财务暂时不成问题

　　在对梦想进行了剖析之后，我们需要考虑现实问题，那就是经济问题。如果当下连温饱都成问题，那你是不能够开始创业的，因为没有人愿意跟没有钱的人合作，而有钱人都喜欢把钱交给有钱人。

　　之前读过一篇文章，说得很有道理，大意就是说，在开始独立创业之前，要先想好自己的温饱问题，要确保自己在公司或项目不赢利的情况下依然能够生活。

　　那篇文章里分享了几位姐妹的创业前期经济安排，以及作者自己的人生经历，深入分析了女性在创业前有人对其说"我养你"也是极好的。

　　但是"被人养"是暂时的，这段暂时的时间就是自己的成长和累积时间，这个时间大约是六个月到一年不等。这段时间之后，基本上自己的经济来源也很稳定了，于是创业便顺利很多。

　　这篇文章的作者本身的经历也是这样，在她开始想未来以文字为生的时候，她是比较担心自己的生活状况的，但是她的老公跟她说："不用担心，你放心去写，我养你。"

　　在她没有任何收入来源、压力重重的时候，是老公的"我养你"为她带来了助力；当老公身边几乎所有人都惊呼"你老婆居然不工作"的时候，也是他们一起扛住了压力，挺了过来。

　　一年以后，她搭建了稳健的投稿管道，收入和写作来源都已经稳定，甚至随着时间的推移，她的收入很快就超过了老公。

　　文章分享得很坦诚，我想应该能给一些女性创业者很好的借鉴。有一个理解和支持自己的男朋友或者老公是不错的。给自己设定一个期限，在这个期限里，用心去铺路，搭建属于自己的创业管道。

我身边的男性创业者，在决定创业之前，基本都是一群或者几个兄弟已经决定好了，于是先拿到一笔资金再开始创业。这笔资金有的是自己凑的，有的是朋友资助的。

给我印象最深的 L 先生，创业的时候自己没钱，于是老婆从丈母娘那里借了 30 万资助他创业。待后来他事业做大了，即便夫妻二人感情似乎没有那么深了，他们也相敬如宾，他对妻子的这份恩情一直不忘。

还有一位朋友是独立创业者，也就是个体户，他每天都处于工作状态，通过自己的不懈努力，一切靠自己，也积累了可观的生活经验和金钱。最后在另一波财富趋势之下，他赚得钵满盆满。不过他有句名言，那就是，公司自己独资，可以跟人进行项目合作，但是公司不合伙，他喜欢自己说了算。

而对于我自己，我是一个不喜欢依靠别人的人，在我决定自己创业的时候，我上班期间已经给自己存下一些钱，这些钱不多，但是足够我的生活支出。而且在创业之前，我给自己的要求是，只要我兼职所赚的钱超过上班的工资，我就立马辞职。

我原打算用一个月的时间去铺垫，结果我 7 天就赚了比一个月工资还多的钱，于是我顺利踏上了自我创业之路。

创业也要生活，口袋里连生活费都没有，是很难在创业这条路上坚持下去的。过去的创业都跟实业挂钩，做买卖，进货出货，而今天随着移动互联网的到来，只要你有点实力，有点互联网使用的本领，在家都可以开始自己的创业之路。

我身边有很多朋友，在做助理期间，利用下班的时间写文章，在各大网站发表，无论是知乎、百度百科、头条还是简书，长期坚持，每年的稿费也有一笔不错的收入。

等她们想真正辞职的时候，甚至连过渡期都没有，就直接开起了工作室，自己做总裁了。虽然从一开始，是个小总裁，但是至少已经起步了，不是吗？

解决钱的问题，我个人有一个非常大的感触，跟大家分享一下。

我在做助理的时候，身边有几个姐妹，忍受不了上班的朝九晚六，于是就开始从微商起步创业。那时候，我看着她们独立的样子，好生羡慕过一阵子，但是仔细分析，我发现我并不喜欢那样的生活，同时我也不喜欢靠卖货生活。

于是，我就问自己，是否我有别的路子，可以不卖货而达到与她们一样的自由有钱的状态。问多了之后，答案就出来了。

是的，如果我能学会用钱生钱，那么我就不用天天卖货，也不会比她们赚钱少了，所以从这个角度来讲，我与她们算是同时起步。

　　她们开始卖货，我开始学金融。一年后，我们再见的时候，姐妹们开的是奔驰，我开的是宝马。我们都心领神会地笑了。

　　但是，再过了两年之后，我的生活开始比她们变得更轻松。因为我的钱可以继续生钱，而她们的微商已经不好做了，她们需要另辟蹊径。

　　这就是我要说的，想要让自己过得轻松，不为钱苦恼，一定要学会让钱生钱。巴菲特说，如果你没有找到让钱生钱的办法，将一直工作到老。所以，趁着在做助理期间，没什么大钱的时候，花一些时间，好好学习金融知识，避免以后自己的钱多了，也许在金融方面交的学费更多，反而不划算了。（每个人都会在金融方面交学费，你信不信？）

　　当然也有很多人胃口很大，说我不需要学会理财，那些钱来钱去的日子简直不可想象，我只需要把实业做好，然后引来大笔投资，我就财务自由了，你看刘强东，你看陈欧，你看谁谁谁。

　　在此，我想说的是，你看到的那些都只是个案，把实业做到极大引来极大投资的毕竟是少数，你没有看到在此之前有多少企业已经死掉了。还有，这是趋势所为，世界上很难有第二个刘强东或第二个陈欧。

再者，你看到的是成功成名之后的刘强东和陈欧，你没看到因为没钱公司行将倒闭一夜白头的刘强东，也没有看到公司极端缩水需要给所有投资者一个交代几乎走投无路的陈欧。

我们可以有很大的梦想，但是依然要一步一个脚印去为自己铺路，财务自由这件事是我们一辈子的追求。

在你决定从助理做到总裁的时候，把这件事好好地纳入你的计划之中，你会很好地完成从助理到总裁的过渡。先解决温饱，再奔小康。所以，过渡时期，先解决钱的问题，再奔向总裁。


## 有极强的时间管理能力

创业者需要有超强的时间管理能力。这一点十分重要。时间管理不好，项目就管理不好，团队就管理不好，那么创业就做不好。

当下时间管理达人很流行，而我也拜读了很多有名的著作，比如《高效能人士的七个习惯》《系统之美》《系统思考》《精力管理》等。但是我觉得里面更多的是职业经理人的时间管理，这与总裁或自由职业者的时间管理核心不同。职业经理人的时间不是由自己决定的，他的时间在很大程度上是由其服务的公司决定的，也就是说他是被动的时间管理者。而这里，我们谈的是主动的时间管理。

在时间管理上，我倡导在做好自己的项目推进表的时候，找准自己的核心创造力时间，然后按部就班完成就好。

我们知道大脑是有运行规律的，当你的大脑已经疲惫得不想完成工作的时候，你再怎么强迫自己都是无效的。而在大脑运行的高峰期，灵感无限，把握住这个时间，就能够事半功倍。

拿我自己来说，我喜欢自己有充足的睡眠，所以我不可能在晚上11点以后还工作。我的灵感在清晨非常好，于是这段时间我用来写作；午餐之后的时间，我会用来与朋友聚会或项目洽谈；晚餐之后我会用来阅读，去喜马拉雅App进行音频录制；之后的时间我一般会选择收听节目或观看电影；最后我会去散步、兜风。我完全按照大脑运行规律来安排我的作息。我发现这样非常高效、舒服，更重要的是确保了我的健康。

所以大家也是一样，找到自己大脑和身体运行的规律，然后按照这个规律合理规划和安排自己的工作。

如果你实在找不到自己大脑运行的规律，那就给自己一周时间，大脑想干什么你就干什么，然后做一个总结，规律和结论就出来了。

如果你说我的大脑每天只想睡觉，什么都不想干，那么结论很简单，你不适合创业，不适合做总裁。


## 拥有自燃力和自愈力

小美是我隔壁公司的一位总裁助理（一般来说，总裁会有两位助理：一位助理是可以做决策的人；一位是秘书，处理杂事，没有决策权。小美是后者），人长得不错，一米六五的身高，中长头发，不是很擅长言辞，性格比较传统。

每年11月，正是公司业务繁忙时期，员工加班是常事。小美从小害怕冬天，因为太怕冷，所以每个加班的晚上，她都要先给男朋友打个电话，聊聊天，祈求寻找一点来自男朋友的安慰。

一个周四的晚上，小美又给男朋友打电话，男朋友也正好在加班，工作一大堆，没说几句话就要挂掉电话。这让小美感觉男朋友不爱自己，不关心自己，一点都不在意自己加班是不是辛苦……总之，心里有一堆委屈。于是小美一狠心，提出了分手，电话那头的男朋友也一狠心，说："分手就分手！"然后挂掉了电话。

小美一个人坐在办公室里，孤独感、寂寞感扑面而来！

　　她扭头看向窗外，四处都是高楼大厦，八方都是霓虹闪烁。此刻的小美感到无比孤独，好像被这个世界抛弃了一样。她不敢打电话给爸妈，不能跟公司其他人诉说，更不能跟老板诉苦。她想着自己独自一个人在这个城市奋斗，可是工资低，没有休息时间，没有朋友，孤独寂寞了也没有人关心……小美越想越伤心，于是一个人蹲在窗旁抽泣起来。哭够了，小美工作也不管了，直接就打车回家了。

　　出租屋里分外寒冷，男朋友只是周末才过来一起住，平时都是小美一个人。冷飕飕的房子里，让小美本就寒冷的心，再次跌向谷底。

　　第二天，小美没有上班，只是说自己病了，第三天是周六，公司加班，她也没去。等周一大家都在紧张地开会筹备更多工作的时候，小美却依然在为自己的孤独而伤感，没心思工作，连老板安排的基本工作也没有处理好，开会时候不断走神。最后，老板只好安排另一个助理完成会议纪要。

　　小美完全走不出失恋和自怜的阴影，工作频繁出错。周五的时候，HR找她去谈话，小美被解雇了！她的工作被另一个新来的更加朝气蓬勃的姑娘小刘代替了。

小美找我的时候，已经是她被解雇后的第二周，她又在四处投简历找工作，但是状态依然没有恢复。

因为我跟隔壁公司总裁经常一起喝茶，于是跟他们的HR也熟悉。我约那位HR一起吃午饭，顺便问了关于小美的事情。

HR似乎早有准备地说："一个上班的年轻姑娘，不能把焦点放在工作上，为了一次失恋，就把自己搞得魂不守舍，这样的人谁敢用？现在正是我们公司业务最繁忙的时候，而公司领导人与她对接的所有工作，她都完成不了。我只能换人！记住，没有任何人有义务为你职场的消沉和孤独埋单。你不能调整自己，我只能换一个能调整自己的人。"

HR的话我十分认同，但是我没有告诉小美。

小美经历的日子我们都经历过，那种撕心裂肺的孤独，那种对未来不可知的不安全感，那种身处一线城市的压力感……任何一个拿出来，都足以让自己喘不过气来。可是，身为职场人，身为职场未来冉冉升起的新星，我们必须随时调整自己，让自己不断突破，不断成长。

我后来跟替代小美的秘书小刘成了很好的朋友，小刘爱运动，爱美，爱跟人聊天，处世洒脱，工作能力也强，无论发生什么事情，到她这里似乎都能大事化小、小事化了。比如她上一分钟还被隔壁老张气得要死，下一秒钟就能乐呵呵地去跟老板汇报工作。

因为工作表现好，小刘用很短的时间就被提拔为老板的特助，工资翻一番不说，出行还有司机接送。

生活不可能十全十美，永远一帆风顺。生活总会有一些不如意之处，助理的工作本就烦琐，而做到总裁之后，路上更是荆棘丛生，这时候，没有良好的自燃和自愈的本事，恐怕是很难胜任的。

# 是否可以边打工边创业

在决定是否创业之前，我们需要有如下准备：

1.是否做好了独立面对风险的准备？

2.是否有独立安排自己作息时间的自律？

3.是否有一项技能能够为自己带来持续不断的收入？

4.是否在内心深处有属于自己的安全感？

在我思考自己是否需要创业的时候，我还在香港公司担任集团全球商务总监助理。因为各种不同的因素，比如不大开心，比如价值感不充分，等等，我决定开始创业，寻找一种更深的兴奋感和价值感。于是我做了这样一件事：个人SWOT分析，也就是个人优势、劣势、机遇和挑战的分析。

S　strength　强势，长处，优势；

W　weakness　短处，劣势；

O　opportunity　机会，机遇；

T　threat　威胁，竞争，挑战。

我拿出一张纸，在上面画下一个坐标轴，一、四象限分别写上 S 和 W，二、三象限分别写上 O 和 T。

在我画完这张表的时候，我发现其实在我很小的时候，我就已经开始在用这种方法了。

那时候，我哥哥是家族的骄傲，无论长相，还是学习成绩，都是顶呱呱的。他在学校的各类考试中，几乎都霸占着第一名的位置。因此，家里就像供奉少爷一样供奉着我的这位哥哥。

而那时候，我更像一只不起眼的小鸭（我不丑，所以不是丑小鸭），无论走到哪里，我都是 ×× 的妹妹。我是一个被人遗忘的角色。

那时候，爸爸妈妈很焦虑，说实在搞不懂为什么相同父母生的孩子，差距咋就那么大！

我那时候的学习成绩只处于中上，我哥哥参加的所有奥林匹克学科竞赛我都无缘参与，因为数理化科目是我的一大弱点。所以相比起我哥哥的风头来，我几乎什么闪光点都没有。

事情的转折发生在高中时期。

那时候，我哥哥已经以全省第一名的成绩保送上了浙江大学。顶着 ×× 妹妹的光环，我顺利考入了哥哥就读过的市里最好的高中。当时几乎所有的老师都以为，他们又

有福了，因为哥哥在读的三年，几乎他的所有老师都因为
这位学生的优异成绩而获得了省市的表彰。他们认为我应
该也是这样的优等生。

还好第一次全校测评，我因为要给他们留下一个好印
象，于是认认真真做题，结果考了一个全年级第二名，尤
其是语文和英语，几乎是满分。

这下老师们可高兴坏了，于是给我安排各种出名的机
会。而我的心里却在打鼓，我隐隐感觉到，这样的名次我
应该很难保持下去，因为我实在不喜欢数理化这些学科，
太伤脑细胞了，我感觉在这方面我一点天赋都没有。

当时因为刚入校，我还有时间去探索我的天赋。当时
学校会安排所有学生每天晚上准时收看《新闻联播》，但
是早晨会有一个节目空档，于是学校决定自己创办一个早
间节目。

我因为哥哥的光环，也因为第一次测评考试的良好成
绩，再加上个人较好的形象和谈吐，自然而然被学校选去
做了学校早间《新闻联播》的播音员。

第一次进录音棚，第一次坐在播音台前，我居然一点
紧张感都没有，节目录制得很顺利。后来我坐在教室里，
跟同学们一起观看自己录制的节目时，我发现自己还真是
有模有样的，而且给更多同学留下了深刻的印象，他们说
我天生有主播气质。

那一刻，我应该是兴奋的，这也奠定了我未来的主持功底。后来，几乎所有的节目录制或者现场主持，我都可以一次通过，而且几乎没有任何纰漏。

就这样，我发现了我的一点点天赋。这在当时是我认为与哥哥的不同之处。我不能辜负了他的光环，但我同样需要营造属于我自己的光环。

哥哥的天赋，我是模仿不来的，他的各门功课都轻松接近满分，而我即使一天学习 24 小时，也达不到他的成绩。我的兴趣点一直都在语文和英语上，政治和历史相对好一点，数理化几乎要了我的命。

那一次亮相主持之后，我就坐下来静静思考我与哥哥的不同之处。我在纸上画下一个坐标轴，左上边写哥哥的优点，右上边写我的优点，左下方写哥哥的劣势，右下方写我的劣势。

写完后我就清晰地知道我接下来应该怎么做了。

我哥哥除了各科考试都十分拿手，写作功底也非常棒。而我发现我对写这件事不是特别有兴趣，但是我口头表达能力特别好，当我站在人前，或者坐在播音台前，我的灵感非常好，逻辑清晰，用词得体到位。除此之外，我还有一个强项，那就是英语，英语的语法运用、词汇记忆等都是我最拿手的，尤其是把握语境的能力。

做了这样的分析之后，我把我的很多精力都放在了演讲能力提高、公众演说锻炼和英语口语表达上。整个高中三年，我读完了从1981年开始出版的所有《英语日报》，我坚持每天做英语朗读和演说，坚持每天做英语练习。

因为英语优势，我成为全校英语老师教学时候的榜样。因为我的这些优势，我当时不太理想的数理化成绩也没有给我的耀眼光环打太大的折扣。

运用优劣势分析来提升自己，在当时，我应该是尝到了一点点甜头。

高考之后，我报考了外语类大学，可以主修英语语言文学，而不必再去关注我不大擅长的数理化科目。

而我的演讲练习和英语学习却是从高中时就一直坚持下来的。直到今天，我也一直在享受它们带给我的红利。

在招商主持的舞台上，因为我的灵活反应和强大气场，我可以成为全场的焦点，同时获得很好的招商业绩。良好的演讲能力，让我无论在任何场合，都可以以最快的速度征服全场，让观众认识我，记住我，从而与我产生更多、更深入的合作。

这就是SWOT分析带给我的红利。

当然，我后来之所以专注从事金融投资工作，也是做了SWOT分析之后得来的。

因为我发现我哥哥十分擅长与人沟通和交流，而我并不喜欢与所有人周旋，那么我应该从什么地方下手，让我既不需要与人周旋又能过得从容呢？没错，钱生钱，于是我开始进入金融领域。

就这样，我与哥哥都可以因为自己的优势而让自己的生活过得很好。在家族里，我也渐渐得到了大家的认可。

没有人是完美的，你如果想出人头地，就必须发掘自己的优势，并将其无限地放大再放大。只有最大限度地发掘并运用自己的优势，你才有与人媲美的可能。所有的天才，都是将某一项天赋发挥到极致的人。

当然，优势一定要结合趋势。不符合趋势的优势，一样产生不了商业价值，一样无法变现，而变不了现的东西很难得到社会的认可。

# 你了解不同的打工状态吗

很多朋友都羡慕我现在的创业生活，一方面可以完全独立安排时间，另一方面收入颇丰，于是咨询我如何走上属于自己的创业之路。

在分享我的创业经验之前，我们先来弄清楚一个词：打工。

在深圳的创业族基本都有打工的经历，先给别人工作，获取经验、技能，然后在合适的时候，自己出来单干。这是常规的路径。

有人会说："心彤，我这辈子从来没有给人打过工。"好吧，那你属于极小概率中的那群人。但是我相信，待我分享完，你也一定会明白你的创业中应该具备的那些成分。

至于"富二代""官二代"那种，不在本文讨论的范围之内。就像美国现任总统特朗普的女儿出版的一部名叫《如何平衡工作和生活》（*How to Make a Balance Between*

*Work and Life*）的书，有人就说这就像是王思聪出版一部名叫《怎样白手起家》的书一样，对普通人来说，没有太大借鉴的价值。

虽然很多人都是从打工走过来的，但是打工与打工又是不一样的。

打工分为四种：一是给别人打工；二是既给别人打工，也给自己打工；三是给自己打工；四是给自己的未来打工。

我们大多数人通常意义上理解的打工只是第一种，就是单纯地给别人打工。有一位做财富管理的 1992 年出生的姑娘 Q，她跟我聊天时聊的就是这个话题。她自己很爱这个行业，也很爱现在这份工作，但就是一点自由都没有，公司对考勤和业绩考核十分严格，这让她一度很抓狂。

我问她："在财富管理公司什么最重要？"

她回答："业绩。"

我说："对，业绩最重要。那既然业绩最重要，学会给自己做一个过渡，然后做一个转化。第一步，掌握公司所有核心业务知识和技能后，用三个月的时间大力开拓渠道和维护重点客户。第二步，待自己的渠道和客户稳定后，放弃公司的底薪，开始与公司建立合作伙伴关系，也就是只赚取业务提成。第二步完成后，你会发现你的视野已经逐渐开阔了，甚至那时候你都不需要再回来问我，你就知道第三步应该怎么做了。"

Q眼中有一丝迷茫，这是大多数年轻女性群体具有的通病，那就是强烈的不安全感，不敢豁出去，迈出这一步。

我跟Q说："在深圳生活不能得过且过，在自己最年轻和最朝气蓬勃的年纪，要学会像下棋一样生活，走第一步之后就知道下一步该怎么走，甚至在走第一步的时候，就已经准备好了后面三步的操作手法。"

最后，我跟Q说："这个过程你需要自己去经历，别人谁都无法替代。"

虽然只是闲聊，但明显能够看出Q眼中的欣喜和对未来的渴望。

简单说来，我给Q的建议就是，从单纯给别人打工慢慢过渡到既给别人打工，也给自己打工的状态。

因为一旦Q可以只跟公司保持合作关系，她自然可以同时跟多家公司合作。因为那个时候，无论是营销技能，还是关于理财的专业技能，Q自己都会了，她的选择空间也就更加大了。

"既给别人打工，也给自己打工"还有另外一种情况，就是如果这个职位不是跟营销挂钩的，应该怎么做。

T的专职工作是在一家公司从事行政工作，也是我的兼职助理，当我有大的会议召开时，她会过来协助帮忙。当T询问我如何成长才能获得更多自由时间和自由财富的时候，我给的建议是，在每天上班之余，给自己45分钟的时间（3个15分钟）阅读与自己职业相关的专业书籍，还有就是用心学习自己的部门总监如何工作和如何处理各部门关系。

记住，是每天。我们必须学会在没有任何人督促和鼓励的情况下，持续做自己接下来应该做的事情。

切记，是做。想，没有用。

T长得不赖，所以我特别注重引导她对于与男人相处的情商训练，因为胆大心细的T还有另外一条相当好的出路，那就是嫁人。她懂得照顾人，懂得处理行政等勤杂事务，多培养情商及与男人相处的艺术，会让她未来的生活更加轻松。不过我依然强调，即便这条相对轻松的路走成功了，自己的成长也是需要持续的。

相对来说，过渡时期会是整个过程中比较难的一个环节。因为你需要从一个只听从指令照做的阶段走向一个需要自己作决定然后忍受孤独不断去执行的阶段。更重要的是，你需要开始学会自己承担结果，也就是，要自己承担责任。

在我自己往这个方向转化的时候，我23岁，那时候在模特赛事里做英语翻译和助理工作，每天忙到凌晨2点是家常便饭，回到家后整个人基本处于瘫软状态。那个时候，我每周需要上6天班，也就是每周只有1天的休息时间。通常这1天我会在图书馆度过。那时候，读书没有现在这么方便，通过手机或电子阅读软件就可以完成阅读。那时候的阅读，更多的是通过纸质书，所以，我周日就会把自己需要阅读的书借出来，然后在下一周的时间里读完，第二周周日再选一本，下下一周继续读。

没有人监督我，没有人管我，甚至很多时候还得瞒着自己的老板，不让她知道。我后来能够在奢侈品行业取得很好的销售业绩，都得益于那时候对奢侈品历史和奢侈品专业知识的钻研，它让我在独立创业的第一个时期，就取得了非常不错的实质性的物质财富，也就是第一桶金。

直至今日，我都依稀能感受得到，无数个深夜，当我独自从深圳南山公司打车回罗湖的家时，我内心的疲惫和孤独。因为那时候，我根本不知道什么时候自己可以在这个城市立足。每天白天都要跟各种人打交道，因为要与他们对接工作，稍不留神，就会挨批。总裁助理，这个职位说起来好听，其实却是老板身边任何人都可以训斥的一个职位。也就是在那时候，我学会了察言观色，学会了忍耐，学会了坚强。每一次挨批，我都在内心告诉自己，我要以最快的成长速度脱离现在的被动状态。

一次次流泪，一次次给自己打气，一年以后，我终于开始了属于自己的创业之路。

我清楚地记得我在职业生涯里第一次流泪是在一个3

月的晚上，白天是老板的生日，霸道的她在我加班完成工作之后，还要求我必须参加她晚上的生日聚会。

筋疲力尽的我在洗手间稍微修饰一下之后，拖着疲惫的身体跟车一起去了晚上的聚会场地。

聚会上，公司签约的3位外籍模特也来了，还有很多重要客人。老板要求我给大家安排好娱乐事项之后，再跟外籍模特沟通关于陪几名重要客人跳舞的问题。

在我沟通之后，模特们强烈抗议，她们的理由是，在合作协议里没有这一条，陪客人跳舞必须尊重她们自己的意愿。

我说给老板听，老板就一句话：你自己去处理。

可是模特无论如何都不愿意跳。而且当时已经是凌晨1点了。

模特们跟我说："Rose,help us,its not our job, and its already 1a.m., we need to sleep."（"帮帮我们，这不是我们的工作，而且现在已经1点了，我们需要睡觉。"）

看着她们祈求的眼神，还有老板眼中的严厉，我内心苦苦挣扎，最后终于安排模特们各跳了一支舞，就让司机送她们回酒店了。可是我自己却需要继续带着笑脸陪着老板应酬其他事项。

大概凌晨3点的时候，我实在忍无可忍，可是又不能离开。那一刻，内心强烈的孤独和疲惫感让我实在无法控制自己，我踉踉跄跄地走到洗手间的拐角处，蹲下，泪水哗哗地流下来了。我走过去打开水龙头，然后任由自己大声地哭出来……

那是我记忆最深刻的一次哭泣。

我边哭边告诉自己，未来我一定不允许自己的人生这样被动，没有选择。我告诉自己，我必须努力，必须拥有自己的决策权。

这样下定决心之后，我慢慢控制住了眼泪，停止了哭泣，走到洗手间的镜子前，整理好自己的头发和妆容，冲着镜子，给自己一个大大的微笑，然后打开洗手间的门，走出去，给包厢里的所有人一个我最美的笑脸。

也因为那次深刻的教训，让我在之后将近一年的时间里，严格要求自己，努力学习，严格自律，不断进步。

你只有对自己狠一点，才会下定决心蜕变。

我们谈的通常意义上的创业，其实就是第三、第四个阶段——给自己打工和给自己的未来打工。

在谈"给自己打工"和"给自己的未来打工"时，我需要提到的一个词，叫作"成长率"。在金融领域，称为"复利"。那些从事理财和保险工作的人，天天跟你谈这个词，然而事实上，能兑现这个词的人少之又少。很多人说，巴菲特22%的年化收益率真是太少，却没有想过巴菲特是连续很多年年化收益率达到22%。就这一点，让巴菲特成了世界金融大师。

能到达第三个阶段的人，基本上来说，已经迈入了创业这个领域。开始创业之后，时间就是你的，利润就是你的，资源就是你的，客户也是你的。

在这个阶段，我的最大感受是，事情烦琐，需要我有极好的逻辑和极好的耐心。不过最大的欣慰是，我有极好的利润和极好的客户资源。

提升创业阶段的成长率，要求创业的你，必须时刻保持市场的敏锐度和持续的学习力。你在做好自己工作的同时，还需要关注外面的世界在发生什么，然后适时地改进和调整。

因为工作烦琐、业务扩张、人员增多，你还需要学会企业战略规划的制定、团队管理、客户管理，以及成本控制和财务管理，所以创业者是需要一辈子成长的人。

这时候，保持成长就是一种刚需，因为如果做不到，你很快就会被淘汰，最直观的反映就是，企业不赢利，可是成本却一直都存在。

创业是一个过程，一个持续挖掘、进步和成长的过程。创业路上，失败的人比比皆是，但是每一次失败都是一次教训。有些人，教训累积得多了，便成了很好的老板；也有些人，因为承受不起这些失败，便选择了不再创业。

在这个过程中，需要智慧，需要责任，需要担当；需要过分钱关，需要过人品关，需要承受几乎所有的压力，从而为企业的未来负责。

回头看你，你属于"打工"的哪个阶段？

# 助理要知道自己的老板是谁

我在 Q 公司任职的时候，走了很长一段时间的弯路。那时候，老板在公司的时间相对比较少，基本只有周一开例会和周五开总结会议的时候才来公司。于是，工作日我都是一个人坐在办公室里，有时候处理一些文件，有时候就看着窗外发呆。

当时我想，反正在办公室待着也是待着，不如出去跟其他部门或分公司的负责人搞搞关系，也听听他们对公司的建议，这样有利于我之后工作的开展。

W 是科技公司总裁。我们短暂地寒暄之后，他跟我说："集团应该对科技公司的经费审核快一点，毕竟科技公司是整个集团利润最丰厚的公司，没有之一。"然后他给了一些具体的建议。

听完后，我高兴地说："好的，我一定跟老板反映您这个情况！"

H 是传媒公司总裁。他跟我说："传媒公司的工作量太大了，设计师每天加班，编辑部也天天加班，公司马上又要召开千人大会了，能不能让老板同意给传媒公司再加几个人？"然后他也给了我一些详细建议和理由。

听完后，我高兴地说："好的，我一定跟老板反映您这个情况！"

D 是人力资源部总监。她跟我说："公司招聘流程太烦琐了，安排的重要部门负责人的复试，很难预约到集团总裁的时间，这让人力资源部的 KPI 考核很难完成。"她问能不能让老板每天下午都到公司，这样复试就能按部就班地完成了。

听完后，我高兴地说："好的，我一定跟集团总裁反映您这个情况！"

回到办公室，我特别兴奋，感觉好像各个分公司的领导都很在意我这个集团总裁助理。不过转念一想，我又觉得虽然他们提的问题都很有道理，但是我不能就这么直接跟老板去讲，毕竟他们又没有递交文件，我不必去闯老板的办公室。于是，我并没有真的就像答应的那样去向老板反映各个部门的情况。

但是在接下来的周一例会上，这三个分公司的负责人就把跟我的这次谈话写进了工作报告。他们在汇报未来工作安排时，把之前跟我提到的那些项目都放进了文件中，并且不忘在汇报结束的时候加上一句：这个情况，我上周已经跟总裁助理 Rose 做了汇报！

第一个人这么讲的时候，我看见总裁的脸就有一点不对劲了；第二个人这么讲的时候，总裁已经转过头来狠狠地看了我一眼；第三个人这么讲的时候，我真的很想有个地洞可以钻进去！

总算熬到会议结束，总裁当场没有对任何部门的决议做任何点评和总结，回到办公室，他把我叫了进去。

"Rose，知道你是谁的助理吗？"

"集团总裁的。"我诺诺地答道，实在不敢回答说"您的"。

"那你知道你看待和处理问题应该站在什么角度吗？"

我不敢说话。

"公司大了，各个部门都有自己不同的看法，每个部门都希望自己的部门钱最多，活最少。对外，你代表的就是我的形象，虽然你不做任何决策，但是你不能给别人抓住任何把柄的机会。今天是第一次，我希望你吸取教训。在公司，你只需要听总裁一个人的指令，其他人的话都可以不听，你明白吗？"

那一刻，我恍然大悟。当我被他们牵着鼻子走的时候，我迷失了方向。说得直白点：我居然忘了我的老板是谁！而人一旦迷失，就很轻易被人要挟，被人抓住把柄。

　　我听取了总裁的建议，之后的日子，即便在没有任何工作的时候，我也是一个人坐在办公室，熟悉公司的商业计划书，熟悉老板的策略，熟悉各个部门负责人递交上来的工作汇报。

　　当科技公司再来跟我讲他们公司应该追加经费并简化审核流程的时候，我就让他出一份业绩与经费的计划表；当传媒公司再来跟我讲他们公司需要增加人手时，我就拿出他们公司的绩效考核给他看，并且让他递交一份部门人员年度安排计划上来；当人力资源部门再来跟我抱怨老板总是不在公司，复试无法有效进行的时候，我让她周二到周四集中做初试，周一和周五各安排一个小时让老板来做复试。

　　从那时起，我再也没有被他们牵着鼻子走，相反我在审核部门意见的时候，在文件空白处会用铅笔写出我的看法，老板在几次跟我沟通我的意见之后，都对我进行了表扬，认为我的想法完全是从公司角度出发，非常好。后来公司招聘重要负责人复试，老板也只是坐在办公桌前看着，让我来做提问。

　　在 Q 公司做助理的两年，每年的春节我都没有回家，那时候自己身上钱不够，加上假期时间又不长，就没有来回折腾。老板每年都邀请我去他家过春节，除了大大的红包，还有贵重的礼品相送。

我很感激 Q 公司老板对我决策能力的认可与指导，他教会了我，无论任何时候，都不要被别人牵着鼻子走，要知道自己的老板是谁，然后用心去做正确的决策。

第三章

为了做总裁，需要做哪些准备

## 做总裁，必须熟悉你的财务明细

资本很多时候都是锦上添花，而不是雪中送炭！当你没钱的时候，你去找钱，非常难。"有钱人只喜欢把钱交给有钱人！"

有钱创业和没钱创业，完全是两回事。

我是一个非常实际的人，我希望大家从一开始就拥有金融思维，至少在创业路上，不要让钱成为自己的阻碍（生活和成长所必需的钱，以及企业发展的钱，另当别论）。

财务问题，要从一开始就做好准备。所以，你必须非常熟悉财务明细，进而走上属于自己的总裁之路。

做过总裁的人都知道，自己创业之后，公司上上下下的开销非常多，我身边甚至有很多老板，需要在下班之余做兼职，为的是养活自己的创业公司。

这是一件多么让人悲哀的事！

所以，在创业之前，以下几点是你必须熟悉的。

## 熟悉你的支出明细

就是知道自己有哪些开销，哪些是必须花的钱，哪些是机动要花的钱。比如房租、养房、养车的钱是固定的开销；生活费、应酬的费用是必需开销；买衣服、护肤品、鞋子等费用是机动开销等。

心里要有一本账，就是每个月至少要进账多少才能确保生活正常进行不受影响。如果你心里没有这本账，相信我，即便你创业之后挣了很多钱，也会浑浑噩噩地花掉，甚至到最后都不知道钱到底是怎么没有的。

## 熟悉你的财务来源

就是列出自己的财富来源有哪些。财富来源有主要来源和次要来源，还有短时间的来源及长时间的来源。不同的来源，给你带来收益的数额不一样，周期也不一样。

列出这些来源明细之后，就能有的放矢地去安排接下来的工作了。

不赚钱的生意根本不叫生意。

即便长期来看才能赚钱的生意，也需要先照顾到你的短期生活。


## 要开源节流

创业之后，你就没有那么多时间去旅游了。其实即便有时间，你也没有那么多心思了。

另外，创业之后，好不容易一个月赚了 5 万，你却非要跑去店里花 3 万买一个包。这样能将财富沉淀下来吗？你的团队会怎么看？因此，我建议，对这些身外之物的体验越早越好，那么到自己做老板的时候，就不会因为这些小欲望而丢掉很多持续成长甚至壮大的机会。

我有一个女性朋友，明明创业之后，生意做得还可以，但是她看到好看的包就要给自己买回来。结果，两年下来，家里的包堆积如山，自己账户上的钱却几乎没有存下多少。

我不是说你不该喜欢包包这类东西，而是希望你要有一个度。创业之后要思考的事情有很多，关注点已经不再是包、鞋、衣服这些东西了，而是要思考如何带领团队、如何找到项目、如何把企业做大。

如果创业时你思考的核心依然是自己的小欲望，不考虑团队，不考虑未来自己的社会价值，那就注定了你做不了大生意。还不如只赚点小钱就好了。

## 搭建多渠道收入

多渠道收入的好处就是，东方不亮西方亮。就是你有多个渠道进账，即便有一两个渠道不是很赚钱，渠道多了，总额也就不小了。

搭建多渠道收入还有另一个好处，就是你不会在某一个渠道上钻牛角尖。

有些渠道收入，尤其是金融投资，有时候是需要有长远眼光的。但是如果你只有一个收入渠道，那么你的眼光就容易变得短视。这不是一件好事。

在熟悉自己财务明细的各项要则之后，再踏入总裁之路，你的财务状况会变得越来越轻松，创业成效也会事半功倍。

# 做总裁，要学会管理你的财富

做总裁，除了要投入精力和时间进行事务管理，你还需要学会让自己的钱生钱，也就是要管理好你的财富。

我身边有很多不错的朋友，夫妻之间做了分工，就是老公负责进账，老婆负责钱生钱的事情。这样的分工，让他们即便在生意比较糟糕的情况之下，依然能保证家庭生活正常进行。

那么对我自己来说，通常我会将钱做如下几个方面的分配，希望对你有所启发。

## 5% 的钱用于保险

这条很重要。生病的时候、意外的时候，我们都需要用保险金来分担经济压力。

## 15% 的钱用于养房、养车

我有一些朋友，辛辛苦苦凑了首付买完房之后，就完全成了"房奴"，每月收入的 60% 都用来支付房贷月供了，剩下的一点钱再支付完车贷，就所剩无几了。

在这种情况下，人生完全没有诗和远方，而只有眼前的养房和养车了。这是一种很危险的情况。

大学即将毕业时，我跟同宿舍的同学一起聊天，大家讨论毕业后是先买房还是先买车，其他人统一认为应该先买房，因为买房增值啊。轮到我发表意见时，我说："我会先买车。"她们笑我是享受派。

事实也是这样。我在毕业后很短的时间里，就自己买了车，而且是宝马。我开着宝马出去谈生意，直接把客单价从开始的 800 元提升到了 8000 元，后来一单提成 8 万元。再后来，我的每单提成能达到 80 万元，随后我便在很短的时间里买了房。

如果开始的时候我省吃俭用凑齐首付去买房，然后再辛辛苦苦地去养这套房，那么我就会没精力进行自我成长，不能好好生活，甚至让自己累得喘不过气来。我觉得这样颠倒了生活的意义。所以，对待财富，你需要有你自己的方式，并不需要人云亦云。

打算先买房的一些人，可能就是为了让自己在银行眼里更值钱，那样就可以多贷一些款出来。可是我们在自己现金流如此之大的情况下，贷那么多款做什么？你欠银行的钱越多，生活压力越大。道理很简单，银行的钱你不可以不还。一旦你习惯了大手大脚花银行的钱，那么日后很难把这个坑填平。我身边的很多富人，买房都是全款，一是因为他们不需要贷款，一是因为他们根本不想贷款。

李嘉诚也说过类似的话：公司不可以花太多银行的钱，如果你的公司需要靠银行的钱来周转，那你的公司离死已经不远了。

对此我非常认同。

还有一点也很重要，就是房子和车子不过是生活的工具而已，不需要把它们看得太重。很多一有点钱就给自己买豪车、豪宅的人，到经济不景气的时候，都过得有些紧巴。

所以，还是那句话，适合自己的才是最好的。除了房和车，生活还有诗和远方。

## 30% 的钱用于保守投资

保守投资就是强制储蓄，也就是你每月必须有一部分钱是要强制储蓄起来的。我很喜欢银行的基金，长期购入，虽然利息不高，但是时间久了，这笔钱也能产生不小的收益。

支出 = 收入 - 理财

理财是一件必须要做的事。长期以来，我养成的这个习惯让我的爱人非常欣赏。他从来没有见过我没钱的时候，因为我永远有不错的储蓄。而且我对不必要的开销完全不感兴趣。会赚钱还不乱花钱的美女，想想，哪个男人会不喜欢？

## 20% 的钱用于正常投资

这部分钱就是用来周转使用的。用这笔钱不断进入新的不同的投资领域，让自己待在"水里"，不断成长。

## 10% 的钱用于高风险投资

我之所以要做这项投资，是因为现在这样门槛低但是利润高的渠道真的很多。只有介入了，才能不断熟练，所以我会不断去尝试，让自己成为这方面的行家。

在我的整个理财布局里面，上面几项已经占去了80%，那么剩下的20%，其中的10%用于生活消费，5%用于自己成长学习，5%用来孝顺父母。

我的日常生活消费不高，对于包、服装、鞋这些东西，完全不会奔着奢侈品去。那句话记得吗：看气质！气质好了，合适的设计和合适的材质，在我的身上就会有奢侈品的即视感。我并不需要靠奢侈品来彰显自己。我的爱人比我更少买生活消费品，对于鞋和包，他使用经典款就好，不会选择追随潮流。他的衣服全是定制款，简单、耐穿。

用于自我成长方面的费用绝对不能省。在以前，我的这方面花费远远超过这个比例。在年收入不到200万的时候，我甚至拿出了80多万用于自己的进修和学习，为未来铺路。今天想来，这笔钱花得真是太值了，它不仅让我少走了很多弯路，也让我拥有了超越年龄太多的资本与人进行商务合作。

孝顺父母永远不能等。这一点我始终牢牢放在心上，并且不断去践行。我很欣慰地看到父母过得很舒心，而我也没有错过让父母过得更好的哪怕任何一个环节。

不管接下来你从事的是实业创业，还是跟我一样进行金融创业，"你必须尽可能多地去了解所从事行业的所有事情"。

是的，越多越好！

对于我，生活在金融圈子里，我必须熟悉股票市场、外汇市场、期货市场、股权市场；进入股权投资行业之后，还必须熟悉天使投资、风险投资、A轮B轮C轮融资、增资扩股等。

你能猜想得到，在这些学习和成长里面，我付出了多少心血和费用？所以到今天为止，除了每月正常的工作进账之外，我还有至少4个金融渠道带来收益，并且我还是多家公司的创始股东（是真金白银投资的）。虽然在很多实业投资场合，我算是比较年轻的姑娘，但是我依然在这些领域里混得有些老道起来。

不经历，永远没有办法让自己变得老道。我们只有熟悉了自己所从事的这个行业，才能够在里面越发从容。

金融行业适合我，不一定适合你，所以，你也需要花一些时间去挖掘自己的优势。如果你是实业创业，以下4点也是非常重要的：

1. 你能不能做到先收钱再服务？做不到？那好好想办法！

2. 风险不要放在你一个人身上。高手要么降低风险，要么转移风险。你把风险放在自己身上，一方面有可能扛不住，另一方面投资人不一定信服你。

3. 你的时间可以同时卖给很多人吗？如果不能，你需要重新思考一下个人商业模式了。

4.你所要从事的行业有增长率吗？你会有持续成长吗？如果没有，行业奄奄一息，而你也只能维持温饱，我劝你不必进行这个领域的创业了。

没有增长率的公司，资本不会青睐；没有增长率的个人，只会被社会淘汰。

你知道我为什么能进步这么快吗？我分享给你：

1.我的口才足够好，所以，我很擅长一对多的分享和销售。

2.我足够热爱销售，也愿意不断进行销售。

3.我的搭档足够厉害。

这份对待工作和生命的热情是你一定要有的。如果你也跟我一样，愿意花心思在自己身上，愿意不断练习口才、练习营销，提升专业技能，并且舍得与别人分享你的蛋糕，那么你的好日子也不会遥远。

有一些东西会是自己独有、外人学不来的，但是，只要你找准了你的路，总能收获满满。

不要说我太理智、太无情，把创业和金融市场说得如此冷酷。我想跟你说，金钱都是逐利的，资本尤其如此。不信，你去股票市场看看，有哪只股票会因为你的有情而涨停！

我们创业，做总裁，为的是把企业做大，为的是拥有更多的社会价值。无论为的是什么，金钱都是其中很重要的一个因素，所以，管理好你的财富吧！只有经营好它，底气才会更足，你才会走得更远。

# 别天真了，老板的圈子根本不好用

因为工作关系，我跟余总的接触比较多，当时他公司的很多招商会都是我来做的。于是，一来二去，跟他公司的一些员工，以及他的助理小李也比较熟悉了。

今年年初有一天，小李突然发来微信，说想找我谈点事。我们约在了办公室一起泡茶。其间，小李说他现在手头有个好项目，想跟我合作。

说实话，在跟余总合作的时间里，我是看在余总的面子上才对小李比较尊重、比较看好的。对于小李本人，一来我跟他并不是真的熟，二来他的一些爱表现的行为，我并不喜欢。

现在小李突然跑过来说要项目合作，倒让我有点不大想接受。不过出于尊重，我还是听完了他的介绍，然后跟他说："你发给我一些资料，我仔细看看，我们之后聊。"

送走小李，我给余总打了一个电话，才得知小李已经辞职了，现在去了另一家公司。问起辞职原因，余总笑笑：“不都是那么点事儿吗。”

我把这件事情跟搭档L提了一下，也表达了我的观点。我觉得小李还太年轻，稍微有点急功近利。

L的回复让我有点吃惊。他说：“其实想做老大的员工大量存在，只要有机会，他们就会选择这么去做。这些年，很多人离开之后，都想跟我身边的兄弟联系，企图能够合作，但是最后都不了了之。为什么？因为我这些兄弟，其实熟悉的都是我，对于公司那些对接的员工，他们压根就不清楚其底细，即便每次与他们一起泡茶或者吃饭，也是出于礼貌。所以，如果员工企图挖老板的人，动用老板的圈子，那会非常难。”

我想起了我自己刚开始创业的时候。当时我做销售，后来要注册公司，搞渠道合作，搭档莉莉提议说：“跟之前的李总、张总联系一下，毕竟他们是你之前服务过的公司的合作伙伴，实力不错，应该会给这个面子。”

当时我的遭遇，跟过来找我的小李的遭遇没有什么不同。李总和张总都很礼貌地接待了我们，一起喝茶聊天，让我们聊项目，聊完之后让我们留下一些资料，然后我们就离开了。

之后，就杳无音讯。

合作？怎么可能！

　　说实话，那种感觉很不好，让人心里很不舒服。

　　第一感觉就是，他看似对你礼貌，其实言谈间流露的全都是不信任。也就是说，在他心里，你永远都是那个助理，即便你现在再厉害，他心里对你的定位也不会轻易改变。更何况，你还只是刚刚创业。

　　我回来自己分析了原因。我发现，其实对方认可的是我的老板，而不是我，所以，是我想多了。换句话说，我做助理期间，在别人眼中，不过就是一个打工的人，我老板的圈子，怎么可能被我利用？

　　后来我和莉莉也尝试过以请客和吃饭的方式跟之前的这些老板合作。但是在高昂的消费账单面前，我们搞过一次之后，就望而却步了。一顿饭，吃了 11 个菜，喝了 3 瓶茅台，刷了我们将近 5000 元。我心里像被针扎一样痛。刚创业的公司，哪有那么多经费来大吃大喝做应酬！

　　那次之后，我就明白了，老板的圈子我们其实根本消费不起。我们以为跟着老板做助理，一旦翅膀硬了，离开后就能利用老板的人脉来搭建自己的合作渠道。我们太天真了！

　　看着前来拜访的小李，我还真有一丝同病相怜的感觉。于是我认真地看了他的项目，确实有些不大靠谱，因为吹嘘的投资回报率实在太高。还有就是，小李刚刚进入金融领域，他好像对这里面的一些行情还不是很了解。

在确定项目不靠谱我不会参与之后，我并没有立即拒绝小李，而是跟他说，这个项目哪里我们还有一些犹豫，虽然这个项目不参与，但是之后有好的项目，还是可以一起分享的。

小李很开心，连忙说好。

上个月再看到小李发来的信息时，他已经在做另外一个项目了。看着他朋友圈很多的鸡汤文，还有微信上频繁的项目发布，我有一点小小的失望。

年轻人，初入职场，沉下心来是最重要的。如果眼高手低，不愿意用心扎实地学习和做事，企图走一些捷径，结果一般都不会好。

我后来的做法跟小李不一样。我没有再四处去寻找之前的老板合作，而是扎实地在自己的领域内熟悉产品，熟悉材料，然后不断做营销。我没有盯着之前的老客户不放，而是全部开发新客户。

一起合作的另外一位姐姐说得好："中国什么都缺，就是不缺人。只要你肯下功夫，你总能找到想要的人。"

我深以为然。于是，之后无论我们做什么项目招商，我们总能在最短的时间里搭建上千人的团队。

我和这位一起合作的姐姐是典型的外向性格，喜欢开疆拓土，每天做营销做得热火朝天。最兴奋的时刻，莫过于一个陌生的客户因为我们的沟通开始付费埋单，然后一步步成为我们的长期合作成员。这个过程带来的价值感，简直无与伦比。

这样的合作下来，不到两年时间，我们的业绩突飞猛进，客户也不断沉淀，不断有新的渠道商进来。

再遇到之前的老板，很多时候都是在行业峰会上，要么我是主持人，要么我是嘉宾。他们也会主动跟我打招呼，并且在知道我们的实力之后，也会主动提出希望未来可以合作。但是，我们已经把这些看淡了。

自己真实开发出来的渠道才是货真价实的。再把重心放回去做这些过去老板的合作伙伴，难保不会再有一些摩擦。这么想来，心里便淡然很多。

于是当李总提议，要挖我们整个团队去他公司负责市场营销的时候，我们都笑了。

现在经常也会有一些合作伙伴跟我说我过去的某位助理与他们联系，要合作项目，问我的看法。我总会淡淡地说："你觉得项目好，还是可以合作的。"

我没有把这些事放在心上，因为我知道，我自己开发的渠道和合作伙伴，只要我还在这个行业里，就很难被挖走。

所以助理离职，开始创业，还是要把重心放在开发和维护自己的圈子上。因为老板的圈子，即便你花费很多的心思，结果都会发现，这个圈子，一点都不好用！

# 婚姻这招好使吗

Chris 是我的一个很好的罗马尼亚朋友，他在中国做外贸生意。刚来中国时，他做红酒生意，我帮他做了一些不错的渠道，所以，我们经常会一起聚聚，聊聊生意的事，偶尔也聊聊朋友。

Chris 很会讨女孩子欢心，在深圳交过很多不同的女朋友，有的女孩英语水平好，有的英语水平一般或比较糟糕。他说，这都不影响他们的接触。

跟不同的女孩子交往，让 Chris 的周末变得有趣。

我问他："你觉得在中国跟不同的女孩子交往有什么秘诀？"他露出招牌笑容，说："帅啊。"

我说："得了吧，比你帅的人多了去了。我觉得这只是眼缘，不应该是一个核心因素。"

Chris 于是认真起来："对我来讲，好像这些都不成问题，女孩子喜欢我，我长得好看，也会讨女孩子欢心，不过在我的朋友身上，有一点非常关键。"

我问是什么。

他说："我朋友是罗马尼亚的生意人，说话没有我这么幽默，但是他通常在约中国女孩子出来的第一次都会说：'我在中国做一些外贸生意，我觉得你们中国太棒了，我打算找一个中国姑娘结婚，在中国安家。'"

Chris 说他的这个朋友在这样介绍完后，基本上所有他想约的女孩子都会投怀送抱。

用结婚这个诱饵，让相当多的女孩子争相扑向他。

我问他："你觉得这一招好使吗？"

Chris 说："其实都是泡妞伎俩，女孩子喜欢这个，我们就多用罢了。并不是真的会结婚。结婚是一件需要谨慎处理的事。"

我于是想，婚姻这招真的好使吗？

我身边有许多女孩子，有时候也会跟我分享这样的话题。

在她们痴心恋爱的时候，往往会受伤，情伤之后当她们专注于事业，曾经让她们受伤的男孩子又会回来找她们，说："其实你是好女孩，以前我一心扑在事业上，给不了你任何承诺，所以我们最终没有走到一起。我想娶你，你会给我一个机会吗？"

我的这些女朋友分享说："这个时候，我们都会笑起来。当初我一心追寻爱情的时候，他们走得比谁都快；现在我专注事业，并且事业成功了，他们又回来说要娶我。真好笑！男人怎么都这么现实！"

在这些有颜、有事业的女孩子眼中，婚姻这个诱饵已经不足以让她们心动了。她们见惯了生意场上的起起伏伏、尔虞我诈，也许现在她们要的只是一份真心吧。

对她们来说，婚姻这招不好使。

刚开始创业时候，也有一些其他姐妹比我们幸运，很快就找到了自己的如意郎君，迅速怀上孩子，迅速步入婚姻殿堂。

当我累得昏天暗地，连吃饭都不能准时的时候，看着她们享受衣来伸手、饭来张口的太太生活，真是无比羡慕，甚至在低谷的时候，我还曾想：为什么我不能遇到一个合适的人结婚安稳度日？！

几年过去了，虽然其间跟这些姐妹还是会偶尔聚聚，但是次数已经十分少了，因为话题不对，关注点也不对。我们关注 A 股上证指数，她们关注老公和奶粉；我们关注经济走势，她们关注婆媳关系。

如今这些事业有成的姑娘基本都有了自己合适的伴侣，开始边做事业，边过太太生活。但是那些结婚早的姐妹却没有一个有自己的事业，她们要么是在老公的公司负责后勤或财务，要么在其他公司做一份普通的工作。

幸福各有各的不同，只是财富的来源渠道，她们相对少了许多。

女孩子都是喜欢安全感的，可是安全感这个东西，在我们比较年轻的时候，在我们脆弱的时候，总希望得到外界的一些弥补。于是，遇到一个条件差不多的人就结婚了。

婚后安全感就充足了吗？

No！内心依然有强烈想出去闯闯的念头，可是因为结婚了，认为自己有很多束缚，于是就这样顺着轨迹安稳地过下去了。之后花心思搞婆媳关系，花心思处理老公出轨的事情。

似乎拼搏之后的女人在婚姻这件事上更淡然、更顺心一点。拼搏之后的她们，事业相对成功，于是连婆媳这件事都变得轻松起来，而又因为跟爱人彼此成长，出轨似乎对二人都是一件难事，因此，她们的幸福度甚至更高一些。

到底安全感是早来一些好，还是晚来一些好？我只是觉得，安全感是自己给的更好。婚姻从来不是安全感的一个来源，与其将希望寄托于婚姻，不如先为自己的梦想奋斗一把。你会发现，奋斗之后的自己更加光彩夺目，雄鹰展翅后的天空更加蔚蓝。

## 一个创业成功的人，给正在做助理的
## 你的几条建议

关于香奈儿的传奇，无论是书籍还是电影，我都看了很多遍。我喜欢这个女人，因为她独立、时尚、创新。

香奈儿的出身十分卑微。父亲是一个小商贩，母亲是农民，她的父亲和母亲在那个时代连婚都没有正式结过。

在母亲生下四个孩子，身体再也吃不消死去的时候，父亲将两个儿子和两个女儿都送了出去，自己远走美国，再也没有回来过。

在修道院度过黑暗少女时期的香奈儿默默告诉自己：一定要走出去。

到了 18 岁，她走出修道院，去了法国，白天在一家裁缝店做衣服，晚上去酒吧卖唱。她深深明白，在那个时代，自己要想成功，必须有上层社会的男人来帮忙。于是当她 26 岁在酒吧遇上对她心仪已久的军官巴尚时，她知道机会来了。她不顾一切地跟着他去了他在乡下的别墅，在那里度过了很多年，她以为巴尚会给她一个未来。

可是慢慢地她发现，巴尚风流成性，婚姻对他们来说很难。于是闲暇时间，她开始专注在她的缝纫上，她开始做帽子。

她通过做帽子回归自己的时候，又遇上了鲍伊，这位她后来说是她一生最爱的男人。鲍伊给了她创业的第一桶金，让她在法国开了第一家帽子店，并且为她提供了上流社会的人脉圈，让她开始了自己的事业。

可是，在当时的世俗环境之下，尽管鲍伊也很爱她，却不得不应家族的要求，娶一位上流社会的女子，因为"门当户对"。香奈儿对婚姻彻底绝望了，从此她对婚姻失去了信心。

之后的故事，大家就很熟悉了。鲍伊在他的新婚之夜来找香奈儿，途中车祸去世。

失去爱人之后的香奈儿完全嫁给了事业。她的大胆创新和专注让香奈儿品牌用短短两年时间就风靡法国。之后的香奈儿香水、包包、服装，直到今天，都依旧让人争相购买。

作为一位成功的创业者，香奈儿的经历，给了我们很好的提示。

## 一定要在自己热爱的领域里创业

只有自己热爱了，才能不断有原创作品出来。无论身处怎样的恶劣环境，自己依然能够坚持；能够在糟糕的环境里，持续突破，等待时机来临。

香奈儿在独自前往巴黎的第一年靠白天做帽子、晚上卖帽子为生，生活捉襟见肘。但是这一年，她坚持下来了。一年后，鲍伊在巴黎找到了她，她的第一家店才有了着落。

想想看，如果她没有坚持，大概她连巴黎都不会去吧，甚至会在乡下嫁给巴尚，开始那个时代很多女人都会做的决定：成为一个男人的附庸。她的坚持，让她赢得了爱人，还赢得了事业。

## 成功需要运气，更需要实力

如果说香奈儿早期的起步是靠男人，那么她后期的成功，完全是靠自己的实力。

成功需要运气，香奈儿算是幸运的，因为她创业不久就遇到了自己的金主。事业开始壮大之后，她也十分幸运，她做出的品牌总能引领潮流，掀起的时尚风格总能得到一大票人的追随。

然后，我们发现，其实这些运气的背后，几乎都是她的实力在做支撑。运气可以保人一时，只有实力才能保人一世。

有人说，香奈儿是一个很难相处的人，但是她让香奈儿这个品牌已经持续了 60 年，实属不易。

## 尽早找到自己的风格

找到自己的风格，用一个时髦的词来说就是，定位。越早找到定位越好，因为及早给自己定位可以节省很多时间和金钱。所以，当你在做助理的时候，要尽早找到适合自己的风格，无论是服装风格，还是个人发展风格。

有机会走出去，就一定要走出去；有机会接触奢侈品牌，就一定要尽早接触；能经历和见识更多东西，就一定要去尝试。

香奈儿的很多创作灵感都源于自己的旅行。当她第一次被鲍伊带出去看世界时，她才看到了大海，并且有了海军衫的初步构想。她走出去，才看到了外面世界的不同，于是在创业之后，她在不同的城市，开设了风格不同的店铺。

见识十分重要，在香奈儿的整个事业生涯中，由于她跟很多不同国家、不同品位的人接触，从而开创了作品的不同风格。见识让她拥有源源不断的灵感。

　　年轻时候的每一步挣扎都成为她后期成长的动力。她的独立、她的个性、她的不服输精神，让香奈儿走出了自己的路。

　　见识、阅历、风格等的基础越早打下越好，那样日后在创业路上，你就会越发轻松。

　　到今天，我还依然看到很多创业者摆脱不了漂亮服装的诱惑，摆脱不了房子、车子的诱惑，在创业路上，处处消耗自己。很多原本可以规避的事，在现实里却持续成为阻碍你成长的障碍。

# 打造你的个人魅力

在电视剧《我的前半生》里，很多人说唐晶的服装不错。在我看来，那不过是职场上班族的着装，永远黑白灰，不出差错，也不出彩。罗子君的服装，花花绿绿或者荷叶边，那是"职场小白"的着装。若说真正的女总裁着装，电视剧《欢乐颂》里安迪的着装值得借鉴，有商务的一部分，也有女人味的一部分，让人赏心悦目的同时，也不缺乏职场权威。

当然，最好的借鉴还是电影《时尚女魔头》里面女魔头米兰达的着装。时尚、权威，每一套的搭配，无论外套、包、鞋，还是戒指、胸花这些细节，都把握得十分到位出彩。建议大家把这部影片看一看，一遍不行，看两遍。当年这部影片上映的时候，我还在外国语大学读书，当时我整整看了 11 遍，除了熟悉了里面所有的服装、品牌，还学会了里面所有的台词。

女总裁的着装有很多要点，要有权威性，要有女人味，要有商务气息，当然在偶尔喝茶的场合，也可以选择中式风格，比如旗袍等。

现在有很多品牌都倡导商务休闲，如果实在选择不出合适的搭配，直接去商场购买已经搭配好的全套就好，从首饰到鞋子都有。

我曾经有一个朋友，觉得自己品位不行，但是因为行业趋势，于是赚了不少的钱。他在服装搭配上，刚开始自己一点见解都没有，他便坚持到商场购买成套服装，衬衣、皮带、裤子、鞋子甚至袜子都是按照导购员搭配好的买，当然他也会跟导购员谈自己的着装风格。一年以后，他已经是一位绝顶时尚的老板，到哪儿都是吸引目光的"高富帅"。

这一招对谁都管用。刚开始借鉴，到最后找到适合自己的风格，然后出彩。我大学修的是商务英语，几乎所有进修过英语的人都知道，学习一门新的语言，背单词和口语练习是多么折磨人。而我到最后能说一口流利的英语，也受益于从一开始就模仿地道的美式口音，到后来驾轻就熟，张口就可以流利地讲出来了。

我职场上的第一位女老板A总，她能在商场上有自己的一席之地，同时气场十足，生意兴隆，这与她合适的着装密切相关。她的办公室里有一面墙上放着的都是知名时尚杂志，她几乎每天都会花上十几分钟去查看最新时尚潮流，去寻找和摸索更适合自己的"装备"。

而我自己也是一样，我现在能有出色的时尚嗅觉和不错的穿搭功底，也因为我每天都会花时间去钻研时尚，去摸索搭配。这个习惯我从高中就开始了。我清楚地记得我购买的第一本时尚杂志 *Vogue* 的时候，还是一名高中学生，零用钱少得可怜，可是我还是狠心花了 20 元把它买到手，并且一有时间就把它抱在怀里看。

习惯是需要培养的。在这里，通过我的经验，告诉大家如何打造自己的个人魅力。

## 提升职场形象力

电视剧《我的前半生》之所以火得一塌糊涂，书中职场精英贺涵是一大亮点。他带来的职场感悟，让人十分受用。

原因很简单，这是真实的职场体会，而且在他的指导之下，他有了唐晶这样近乎完美的职场女精英作品。也是在他的指导下，离婚的全职太太罗子君才有了翻身的机会。

贺涵分享了很多职场心得给观众，有一条我特别受用。那就是，培养你的核心竞争力，让你变得无可替代。

别人找上你，是看你的手上有没有船桨。

电影《时尚女魔头》里，"女魔头"对初入时尚圈的安迪说："你是想告诉世人，你的生活已经忙碌到你都没有时间去弄块合适的布遮住你的屁股吗？"

这句话说得很难听，可是越是难听的话越能让人迅速听懂。这是不是就是"良药苦口"的现实版？

我有很多女性精英朋友也都这样认为，现在是快餐时代，没有人有时间通过你邋遢的外表去了解你善良的灵魂。

想象一下，一群好朋友在聚会聊天，远处走过来一群姑娘，其中一位男士说："快看，那位姑娘的内在好美哦！"这可能吗？不可能！

是的，形象价值百万，你给人的第一眼形象决定了接下来的人生路线。人人都爱美，男人爱美女，女人也爱美女。想象一下，换作是你，你会拒绝一个美女的请求吗？一个美女，在问题面前，受到的创伤都比普通人要低。

作为一个每天需要跟着老板四处走动，以及处理各项事情的助理，你的形象就是一扇窗户，一扇外人通过你来了解你的老板和你的公司的窗户。这扇窗户维护好了，你在公司的价值就提高了。

我在香港公司担任全球商务助理的时候，我的老板即公司商务总监走到哪儿都喜欢带上我的很大一个原因就是，他觉得带上我出去拜访客户，让人赏心悦目。甚至有一次在饭后，我跟同事一起在公司楼下散步的时候，被他远远叫住。原来是公司总部来领导了，而那天我穿着漂亮的波西米亚长裙十分迷人，他远远地就跟我打招呼，然后将我引荐给总部领导，眼神中是满满的骄傲感。

想想看，一个给公司、给老板长脸的助理，是不是更受重视。

关于提升形象力的最大体会，来源于我进入职场后的第一位老板 A 总。

那次我们一起在杭州出差，除了她还有来自波多黎各、土耳其和新加坡的模特。那次会议的前一天晚上，我因为太晚休息，早晨起床时实在太疲惫，完全没有力气打扮和修饰自己，并且之前听 A 总说，今天只是跟客户一起唱唱歌，不会很商务。

于是我就轻松洗完头发，吹干，穿上我刚刚购买的 T 恤和阔腿裤就出去了。说实话，买这件 T 恤是因为我实在喜欢这个颜色，而阔腿裤是我一直想要尝试却苦于一直没有机会尝试的，因为我几乎在所有的工作场合都是优雅的裙装。

出门之前，我自我感觉不错，甚至还侥幸地认为，这一次我能给我的老板一个不一样的视觉形象，因为过去我从来没有这样穿过。

但是，宴会开始前几分钟，我就为我那天的着装埋单了。A总看到我的着装之后，当着所有客人的面跟我说："Rose，你认为我们今天的这个场合，是你一件T恤就能掌控得住的吗？"

当时我感觉像整个人都被扒光了一样，真想找个地洞钻进去。我就那样在众目睽睽之下，羞愧地跑到房间，换上了裙装……

从那以后，我再也没有因为着装而遭遇过任何不好的事情。每次大型会议或者见客户之前，我都会在心中问我自己：你确定今天的着装能掌控得住这个场合吗？每一次我都能给自己确定的答案。

在职场中行走，你可以靠背景，靠关系，靠钱，但是真正能让你踏实走到最后的依然是个人的实力。而良好的形象力，是你展现个人实力的敲门砖，因为女性在职场，良好的形象力本身就是一种竞争力。

○ 养成爱美的习惯，学会服装搭配

闲暇时间多去商场走走，看看橱窗里的服装搭配，之后自己模仿着去搭配。无论是色彩还是款式，一般品牌橱窗里的搭配都是具有参考价值的。

查阅公众号里关于服装搭配的一些好文章。现在有很多很棒的微信公众号，都讲到各个季节的服装如何搭配会比较流行和出彩。

可以参加一些女性修炼课程。这些课程里基本都有服装搭配这个环节，参加过几次，再加上自己平时的观察，基本就可以上手了。

服装搭配本来考验的就是个人实力，所以，你不练，哪里来的实力呢？

一天到晚在公司都是黑白小套装，一副性冷淡的样子，谁看都会生厌！

○ **学会得体的妆容**

网上有很多这方面的视频或文章，学起来非常方便。

在公司里，不化妆的女人让人看起来无精打采，甚至让人怀疑你的工作实力。不化妆就随随便便上班的女人，很难从助理做到总裁！

你要相信我说的。

○ **学会打理头发**

职场要有职场的样子，干净整齐的头发最为必要。你可以根据服装的要求，偶尔盘发，偶尔披发。如果可能的话，不要留太短的头发。留短发，有可能比较有个性，但是在换造型时让你很难搭配不同的服装。

另外，头发不要搞太多颜色，办公室不是秀场。

○ 注意指甲和手

养成定期修指甲的习惯。一般来讲，我不主张女人在做助理期间给自己涂太艳的指甲油。因为这有些不规范，偶尔还有抢走老板风头的风险，不适合。整齐的指甲加上肉色、粉色等淡色系的指甲油，会比较适合做助理的你。

待自己当上总裁之后，无论什么颜色，只要是你能拿捏得好的就都可以用了。

不要不修指甲，让指甲脏脏的，这样给人的感觉会十分糟糕。

既然指甲都能维护得好，手就更不必说了。养成勤洗手的习惯，冬天要使用护手霜。手是女人的第二张脸，护理得不好，给人的感觉是你不职业，从而导致你很难升职。

○ 鞋子

有人说，看一个女人有多爱自己，就看她有多少鞋子。我并不主张你购买太多鞋子去彰显到底有多爱自己，我主张你选择质感和设计感好的鞋子去搭配每天的服装。

身在职场，就性价比来讲，黑色和裸色的高跟鞋是最适合的。不要买很多五颜六色的鞋子。在时尚类公司之外的地方，我很难看到有谁能把大红大绿的鞋子穿出高级的味道。那只会让公司里的人觉得你另类，或者你想找点新鲜感。除此之外，没有别的好处。

我有朋友这样说："你一个女人，天天不花点时间打扮和收拾自己，天天七大姑八大姨的八卦，有意思吗？"

我说："身在职场作为助理的你，除了修炼自己的职业技能，不多花点时间收拾打扮自己，提升自己的形象力，你还想不想升职了？你还想不想做总裁了？"

## 拥有得体的谈吐

得体的谈吐，源于得体的训练。作为助理，要有自己的谈吐标准和要求。

我见过很多助理，总是不能在自己的职位上表现得很好。他们似乎总是觉得，自己只是一个助理，所有的事情老板说了算，所以无论你问什么，他都冷漠地回复：我不知道。

礼貌地回复不知道也就算了，还一副冷漠的样子，让你在那一刻只有一个感觉，就是如果你是他的老板，你会立马开掉他。

这几年自己创业之后，我身边来过不少助理，我很开心，将他们培养得不错。

在我看来，要想拥有得体的谈吐，要养成以下三个习惯。

○ 话少一点，嘴巴甜一点

话多的助理，很多时候都很讨人嫌。

○ 笑容多一点

笑得甜的女人，运气都不会太坏。

还有更重要的是，笑容多一点，人会更美。

○ 从容淡定

我们总能见到一些助理，遇到事情大惊小怪，给人不稳重、没实力的感觉。遇事冷静、淡定从容是高级助理的标配。

一个优秀的助理往往从一开始就是拥有优秀品质的人，有责任心，有主见，有行动力。一个谈吐得体的助理，总能给老板减少很多不必要的麻烦。

以下三点是很多助理忽略的地方。

○ 嘴巴要严

对于老板交代的事情，只有老板和自己知道，其他人无论谁问，都不能透露。对于老板的行踪，也一定要保密。老板有一些不方便透露的行踪，更是需要灵活处理。处理得好，这个助理的职位和待遇就会直线上升；处理得不好，这个助理也会分分钟走人。

我在做助理期间，H 给我当时的老板 Z 当了 8 年时间的助理。刚一开始，我观察到我很难接触到老板的核心工作。后来我终于可以接触老板的核心工作的时候，我发现 H 的身上具备很多非常优秀的品质，让我对 H 肃然起敬。

他几乎参与了 Z 的所有行程，负责为 Z 开车和处理私密事务，包括 Z 出去进行私人约会，都是他负责开车送 Z 到酒店门口，完事后再去接。

但是在这期间，任何人问任何事，H 都能够聪明应对，既不让人起疑心，也不让人知道 Z 的私事。

○ **不贪小便宜**

在工作中，助理有很多购买东西的机会，这时候，有一些贪小便宜的人就很容易吃亏。

一般来说，助理都会有一笔备用金，用多少，每次购买了什么，都是自己自行记账。那么记多记少，就全是自己去处理了。

虽然老板对这件事情也是睁一只眼闭一只眼，不过几乎所有的老板其实都是熟悉这些小环节的。若你想赢到最后，最好不要贪这样的小便宜。

H 这一点做得非常好。他负责购买所有公司内的水果和日用品，老板爱吃什么，公司需要什么，他都一清二楚，但是所有的账目，他都记得清清楚楚，从不贪占一分钱。

也正是这个原因，他深得老板的信任，不仅薪水上涨得多，就连他结婚买房这样的大事，老板都是出钱鼎力支持的。

很多跟他同龄的人都很羡慕他，小小年纪，在深圳这样的一线城市，有房有车，殊不知，这正是他精心工作换来的。

## ○ 维护好跟重要客户身边女人的关系

这里讲的女人，可能是客户的太太，也可能是其女朋友。

在我自己做老板时候，我与客户沟通的时候，我就让助理去跟客户的助理搞好关系，互相加微信，彼此熟悉。

这为我之后的工作带来了很多好处。我与客户的合作，无论顺利与否，我都能第一时间从对方的助理那里得到进展情况，并且有的放矢地筹备应对方案。

即便这次合作不顺利，通过让助理跟对方的助理保持联系，了解一些对方公司的项目进展，这对之后的合作也是有效的。

这个方法是我在做助理的时候学会的。

那时候，每次我陪老板一起去跟别的老板谈事情时，对方老板身边的人无论是太太还是助理，我都会跟对方互动聊一聊彼此熟悉的东西，比如聊奢侈品、聊着装打扮、聊吃穿住用行，无论最后公司之间的合作怎样，我都会跟对方保持联系互动，结果这反倒让公司之间的合作更顺畅了。

这里面的学问其实一点也不难理解：有些做得比较好的助理，一般老板在做决策的时候，都会问一问她的看法，而作为老板的太太或女朋友，那更不必说了，有时身边人的意见比什么都有效！

## 提高情商

"情商"这个词很抽象，很难具体形容到底什么是情商。关于情商，一位在深圳做新能源汽车的朋友曾经跟我说："有才华，不代表有才情，有才华的人很多，但是成功却不仅仅靠才华，甚至有些时候才华要靠后站。"

他继续说道："Rose，你看我，我 1988 年生人，我能在这个年纪取得现在的社会地位和个人财富，不是因为我有才华，我小时候连饭都吃不饱，根本没有时间学习和修炼才华。创业的时候，我们需要和各式各样的人打交道，谈合作，这个过程不是靠卖弄才华就能得到你想要的，往往更需要你有很高的情商。你要了解你的客户需要什么，了解你的客户的个人喜好，然后对症下药，你才能一步步走向成功。"

他的一席话让我想起了电视剧《我的前半生》中的贺涵关于职场的一句话：生活不能得过且过，生活要像下棋，你需要在走每一步之前，就知道下一步、下三步该怎么走，这样你才会在接下来的日子里，步步为营，稳扎稳打。

所以说，在商场上能够持续成功的人，一定是情商很高的人。

那么如何培养情商？科学研究表明，情商不是天生的，是可以通过后天培养的。今天，我与你分享培养高情商的五个办法。当然，这五个办法不是我凭空说的，而是有科学依据的，并且通过了无数次检验，屡试不爽。

## ○ 认清自己，而不是自欺欺人

清晰地认知自己的优劣势，熟知自己的特征习惯，这是高情商的前提。很难想象一个人如果连自我定位和自我角色都不清晰，又怎能成为一个高情商的人？所以，放弃自欺欺人，认清自己，是培养高情商的第一步。

○ **从关注自己，到关注他人**

很多人情商不高，就是因为太过于关注自己，而不是关注他人。而这里的关注他人，核心指的是欣赏他人。只有懂得欣赏，才能发现不一样的风景。

○ **成为一个有价值的交往对象**

有价值的东西从来都是香饽饽，甚至很多时候，一个人因为有价值，于是他的很多看起来不合适的习惯都会被包容。持续提升自己，让自己成为一个有价值的交往对象，你的圈子定然不一样。

高情商都是在与人交往的过程中体现出来的，如果没有人与你交往，孤身一人，你的高情商也就无从提起。

○ **管理好自己的情绪**

一个人情绪不稳定，遇事情绪起伏，通常会被认为是一个不成熟的人。而一个人不成熟，自然就很难拥有高情商了。

○ **保持谦虚**

谦虚是中华民族的传统美德。保持谦虚，总会让你成为一个比较讨喜的人。

换句话说，你进步了，也就表明你身边的其他人退步了。这时候，如果你还不能够保持谦逊，夸夸其谈或者贬低别人，你的路就会越走越窄。

作为一个助理，其情商体现在对老板的了解上，比如，你是否了解他的个人喜好，你是否对他最在意的事情心知肚明，你是否留意他最看重的客户的喜好，你是否留意他太太或女朋友的喜好。对这些事做到心知肚明而不张扬，是一个优秀助理的必备素质。

多一些处理人情世故的能力，情商自然而然就提高了。


## 拥有良好的习惯

良好的习惯，除了能帮助我们成长，还能帮助我们在助理的职位上驾轻就熟，游刃有余。

关于助理的习惯，以下三点十分重要。

○ 时间概念

一个助理没有时间概念，就像一个理财规划师没有数学概念一样，是不可理喻的。客户的预约、老板的行程、会议的安排，这些都需要具有时间概念。甚至在老板跟一个客户谈话时间过长，影响到下一个客户预约的时候，助理还需要做好提醒。养成良好的时间概念，助理便能够在这个具有烦琐工作压力的职位上轻松应对。

## ○ 持续学习

我在做第一份助理工作的时候，连 PPT 和 Excel 制作都很陌生，甚至在几次会议上播放 PPT 的时候，因播放当下幻灯片出现了很多差错，因为那时候我不会。

这样当然会被老板批评，但是接受批评之后，就需要自己去不断摸索和学习了。除了工作基本技能的学习，还包括修身养性等工作之外的学习。

我有一个深圳的姐妹，在大学毕业后做助理的 3 年里，坚持学习英语，并且坚持参加每周一次的英语读书会。3 年后辞职，她直接去了海外参加英语进修并从事文化传播工作。

当然对于我自己，我坚持学习的是投资理财的课程，因为我实在不想让自己只拿这么少的钱，还干这么多的活。于是在做了两年助理后，我辞职了，开始自己创业。直到今天我还在不断学习金融知识。

## ○ 平衡休息和工作

一个人能力再强，如果不懂得休息，也是得不偿失的。主动休息是让自己工作事半功倍的表现。

一个助理，除了自己要会平衡工作和休息，还要督促老板平衡好工作和休息。该工作的时间全力以赴高效工作，该休息的时间准时休息。

加班不是值得炫耀或者表扬的一件事，在既定的时间里完成既定的工作，这是助理有能力的表现。

以上三点是助理需要养成的最基本的习惯，以下三点是助理应该养成的核心习惯。

○ 向上管理老板的能力

一个助理，如果只能对老板唯唯诺诺，言听计从，没有任何交流或互动，这个助理一定是刚刚入门的。

真正得力的助理，是可以做到向上管理老板的。就是从各个方面能够为老板提供一份助力，减少老板的压力。

老板生气的时候，为其倒一杯温水，播放一些舒缓的音乐；老板要跟某位客户发飙的时候，微笑着跟老板分享一下得罪这位客户的利弊；老板忙得照顾不了太太的时候，提醒他记住纪念日，并且协助他买合适的礼物，等纪念日到来，提醒老板送过去；老板任性开会迟到、午休不起的时候，主动打电话委婉或直接提醒，规范老板养成良好的作息习惯。

这些都是一个助理能跟老板建立良好关系的细节。

不过有一点我需要提醒的是，你一定要在了解老板的习性后再做决策，因为并不是每一个老板都喜欢助理建言献策的。

我见过很多老板，都是很有主见并且比较霸道的人。这时候，多观察，少说话，先建立信任感是最佳决策；待时机成熟，或者老板足够信任你的时候，再去建言献策，取得的效果会好很多。

### ○ 严谨的逻辑思维能力，能够独立思考和规划未来

一个金融公司总裁助理发微信问我：什么是新三板？什么是招商路演？这让我十分无语。现在基本所有的问题都可以在互联网上得到解答。独立的思维能力，是一个助理必须培养的能力。

开完会后要做会议纪要了，还完全不明白会议讲的是什么；公司做年度规划、季度规划了，还完全不明白业务流程，不知道公司未来将走向哪里。这对于助理来说，是很要不得的。

培养自己的独立思维，熟悉公司未来发展和当下的业务环境，让自己成为公司的一分子，才能在这个职位上真正突飞猛进。

### ○ 模仿能力

无论是优秀的老板，还是你极其欣赏的客户，都可以学习对方的商务谈判和为人处世方法，并且加以模仿。因

为一般来讲，这些人都比我们年长，比我们经历得多，所以相对来讲，也更加熟悉商业环境。

养成模仿的能力，我们能更快地在助理的岗位上成长。但是模仿并不代表好坏都盲从于别人，而需要自己有所甄别，有的放矢，从而让自己脱颖而出。

## 培养学习力和洞察力

没有谁天生是完美的，优秀的老板都是会终身学习的人。而助理的岗位职责要求你有超强的学习力和洞察力。比如，公司第二天有一场大型会议要举办，晚上老板给你一沓资料，说第二天的会议由你来安排。如果你没有学习力，你如何应对这样的突发情况？

助理工作烦琐，需要细心，需要逻辑，需要耐心。没有旺盛的生命力，你是无法完成这份工作的。而且，一个人如果不持续培养自己旺盛的生命力，除非是想在助理这个职位上干一辈子。

第四章

做总裁，
有捷径可以走吗

# 我走过的弯路（一）

在助理这条路上，我走过很多弯路，每一条都是血泪的教训。如果一定要说如何做一个好的助理，我想先从反面说，怎样做不是好助理。

一个好的老板是，老板在与不在，公司一个样；一个好的助理是，助理在与不在，公司完全两个样。

想要成为一个优秀的助理，这一点一定要首先明白：在老板和助理之间永远不可能平等。无论老板多么信任你，多么认可你，你们在一起讨论和处理多么私密的问题，即便你认为在他那里你就是他最亲近的人，但你都不要忘了他是给你发薪水的人，他是你的老板，你们不可能平等，你们也不可能成为心心相印的朋友。而你如果把自己心底最大的梦想、最私密的事情告诉他，你就是最愚蠢的人。

一份关于英国精英男士的调查问卷显示，精英男士迎娶女人的标准，第一条就是智商。什么是智商？就是在一起可以话题对等；可以心照不宣；可以你一开口，对方就知道你要说什么；能迅速抓取对方的话题重点，并且迅速完美配合。

在电视剧《我的前半生》里，陈道明出演上海日本料理店老板老卓，其好朋友的女儿洛洛走投无路来到店里，老卓应朋友所托，对洛洛的工作和生活给予了很好的照顾。

而年轻的洛洛，因为老板无微不至的关怀，以及其成熟迷人的为人处世方式，心生爱慕，便向其表达了自己内心深深的爱意。对此，老卓是这样回答的：在这里，我是老板，你是员工，你工作，我给你发工资；在生活里，你是我好朋友的女儿，我好朋友去世了，我理应照顾你。除了这个，我们没有其他任何关系。那些电视剧里才有的大叔和萝莉的故事，在这里，在上海，在你和我之间，不可能发生。

看到此，听到老卓的话，我深以为然。

2010 年，我大学毕业，因为良好的英文口语表达能力和得体的商务洽谈能力，我很快被深圳一家模特公司聘用，担任模特大赛主席李总的随身翻译和助理。李总是一位四十出头的魅力女性，未婚，霸道。

当时，所有国家的模特大赛结束后，各国的冠军会来中国进行最后的总决赛。而我们深圳的公司就主要负责最后总决赛的承办，以及各地赞助商和模特广告商的招商工作。

很显然，这样的工作必须处理好与各个城市承办商的关系，能在各个城市拿到 500 万到 800 万的招商费用，并且将美女经济很好地落地。

我的工作就是每天三点一线，酒店—飞机—会议室。我需要每天最晚睡觉，最早起床，原因很简单，没有我，我的老板跟我们漂亮的国外模特就没有办法交流沟通任何事情。这样的工作让我跟我的老板之间逐渐形成了很好的默契，在我当时的年龄和阅历里，我认为我们是彼此信任并无话不谈的。

之后很长的一段时间里，我们一起驱车前往私人山庄，一起飞往另一座城市。在无数个一起加班的日日夜夜里，除了工作，我们还谈一些关于女人的话题。我们的信任感在逐渐加强，而我亦在这样的信任之中，开始像朋友一样与她相处，偶尔调侃一下她的着装、她的护肤品，当然还有她的男朋友。

不可避免的是，既然与老板像朋友一样的相处，对助理这样细致的工作，我偶尔就会有疏忽。

有一天，在处理了大量的翻译工作之后，我的大脑稍微有点短路，于是我登录了国外的交友网站，想在上面聊聊天放松一下。在我聊天的间隙，老板让我去帮她倒杯水，我回来的时候，她正好站在我的办公桌前，专心地盯着我的电脑屏幕……也就是在那天晚上，我跟她分享了我的土耳其恋情，并且表达了想要跟公司出差去一趟土耳其这样的小小梦想。我当时以为我的这位"值得信任"的老板是会帮助我完成这个小小梦想的。

不承想，我的噩梦才刚刚开始。

因为在与土耳其方面的细致沟通中，我与土耳其模特大赛的主席形成了良好的交流合作关系。在老板知道了我的土耳其恋情之后，她固执地以为我会透露公司的事情给这位主席。然后在接下来的工作里，她开始有意无意地刁难我。比如，深夜明明知道我已经睡了，还要故意打电话让我起床去处理事情；比如，在有中国老板、国外模特和政府领导的场合，当着所有人的面指出我的问题……而这些，在我还没有将她当作朋友的时候根本不曾发生过。

事情终于在一次夏季模特大赛之后爆发。那天，老板突然要求我陪她到深圳一个偏远的地方出差三天，我临时接到通知，来不及收拾行李，只拿了三套日常着装就出门了，也没有准备更多的鞋子。

可是因为工作忙碌，走路多，第二天我的高跟鞋跟就在我跑步到老板房间的时候断了。出门紧急，我连银行卡都没有拿，而那时候支付也没有现在这样方便，可以随时随地用微信或支付宝支付。

老板看到我尴尬的样子，居然没有提供帮助，而是那位土耳其模特大赛的主席主动给了我现金，让我在旁边的商场买了一双新鞋子换上。

在这里，我必须说明，这位土耳其模特大赛主席是一位男士，一位迷人的 60 岁男士。而那时，我并不知道我的老板与这位土耳其男士之间默契的"合作关系"。

出差结束，我返回公司工作的第一天，就被堵在了门口，被要求交出公司办公室钥匙，并且在秘书长的监督之下，拿上我的所有东西离开，电脑上的任何东西都不允许动一下。

那一刻，我如梦初醒，我突然明白，把老板当朋友的我，是多么傻乎乎地轻信了她。在我把她当朋友的日子里，当客户领导夸奖我，跟她说你的这位助理是可以从助理做到老板的时候，当我告诉她秘书长不是在用心处理公司业务而是在为他自己谋私利的时候，在我告诉她我是多么想念我的土耳其男朋友的时候，在我只是用心地与土耳其模特大赛主席沟通工作却让她误以为我抢了她的奶酪的时候……她已经对我留心了。

那次被动离开工作岗位之后，我给了自己整整一个月的假期来思考和规划下一步的工作安排。

这次血淋淋的教训也让我明白，想跟老板做朋友，我付出的代价太大了。

# 我走过的弯路（二）

在那家香港公司工作的时候，我已经是一位久经沙场的"老兵"了，无论是国际商务助理，还是英文商务洽谈，以及处理上游代理商和下游客户的关系，我都已经驾轻就熟。

我以为我会游刃有余地在这家公司一直待下去，就像我爸爸说的："一个女孩子，有着体面的形象、体面的工作、体面的年薪，就够了，不要把自己搞得太累，女人把自己整得像个汉子一样，没必要。"

在我内心深处，我和父亲的想法和做法一样，我注意形象，注意谈吐，注意修身养性，注意学习提升，生活似乎开始变得悠闲、体面且按部就班起来。公司给了我近7位数的年薪，提供了漂亮的公寓，配了车，我可以熟练地处理工作，可以有充足的睡眠时间，还可以有体面的出游时间。

一切似乎很完美，我也投入了。

但是在这家公司里，所有的高管和公司领导几乎都来自台湾地区或香港地区，来自其他省市的员工在公司里很难身居高位，仅有一个来自武汉的员工做到了总监的位置，而他在公司已经工作了 16 年。

我每天需要陪同全球商务总监出席公司会议，然后在他不在公司的日子里，处理好团队所有业务并以邮件形式向他汇报。

在第一个月，我就发现了公司采购部经理的"猫腻"。比如他跟上游公司之间的回扣事宜，比如他利用公司职务之便拿取公司油费、其他各类报销；还有在上班时间，只要总监不在，他就会乘机溜出去做自己的事情，等等。当然，在公司内部，采购部成员是知道这些事情的，可是为了维护好与他的关系，每个人都心知肚明却把这些事当成空气。

我把这些事情以邮件的形式上报给了我的总监，我的总监如实上报给了集团总裁。于是一星期不到，这位采购部经理就辞职了。

于是总监又委派给我更多的任务，都是与"猫腻"挂钩的事情。我当时真觉得我有做侦探的潜力，各个有问题的成员都在我的详细侦查之下露出原形。

我应该为此得罪了不少人，虽然我不是很喜欢在职场结交朋友，与大家也不会走得太近，但是我慢慢开始不喜欢这样的感觉。一方面它对于我职业技能的提升没有太大挑战，另一方面，我十分不喜欢公司的氛围。一群中国人在一起，讲话却要用英语；几乎所有的团队领导人都来自香港地区或台湾地区，而团队成员大都来自其他省市；因为我的总监身居高位，而我又经常代表他处理事务，于是所有领导人都似乎很注重处理跟我的关系，特别会讲阿谀奉承的话，而我一眼就清楚哪些是真诚的哪些是虚伪的。

我渐渐失去了对这份工作的热忱，我想以我的英文水平及商务谈判能力，不应该只是用在侦查公司员工的"猫腻"上。那段时间，我应该让很多人都失去了饭碗。这不是我来做这份工作的本意。

我觉得我不应该继续做下去。我的才华和能力应该有更好的发挥空间，而对于我自己，我的生命应该有更大的价值感和使命感。

我先给了自己一周的时间，去思考和总结个人优势，去做下一步规划。这时候我发现，我已经不适合再继续上班，我应该自己创业，拥有自己企业的价值观，并运用自己的优势帮助更多的人，获取更多的财富。很庆幸，我在当时就这么做了。那一年，我25岁。

这一次离开，我开始了自己的创业生涯。

# 挖掘女性总裁的自我管理优势

有段时间，"作"这个词在互联网上很火。比如，"不作不会死""你这个人怎么这么作""无语，你太作了"等。那么，究竟如何理解"作"这种做法？

我是一个对着装要求十分严苛的人。除了每天一套不同的衣服，对搭配的发型、发饰、耳环、箱包、手表、戒指、丝袜、鞋等，都有严格的配套要求。对我团队里的人员也是一样，着装是硬性要求。对我的助理更是严加训练，日常着装全部教会之外，对出差使用的行李箱、搭配的帽子、手提包等也都一一训练。

这直接导致了现在我的助理是行业内各个公司争相挖掘的对象。

每次跟合作伙伴 L 一起去商务谈判前，我会问清楚是什么场合，去那里要达到什么目的，我们会见哪些人，他们有怎样的圈子和社会背景。然后我就会根据场合和需要，搭配服装颜色、款式。L 说我这样好"作"，我往往都是笑笑说："我一个人的时候都很作，更何况是跟你在一起见客户的时候。"

然后 L 就特别骄傲地带着我一起出门了。

而往往在这些场合，我们都会成为全场的焦点，无论是业务能力、商务谈判能力、演讲能力还是吸引眼球的能力，我们都胜别人一筹。

在这里，我不想特别强调"形象"对人的重要性，我想对于"形象价值百万"这样的短语，大家已经耳熟能详甚至耳朵起茧了。我想说的是，如果你连自己的形象都无法管理好，那如何保证你能管理好你的事业，管理好你的家庭，管理好你的孩子，管理好你的父母，管理好你的圈子，管理好你的生活？

一天早晨开车出门，在去公司的路上，我遇到了一对骑着电动车的情侣，刚好是红灯，我就认真观察了这对情侣几十秒钟。虽然是 4 月里的一个阳光明媚的日子，可电动车后座的姑娘还是被冻得瑟瑟发抖，双手紧紧地搂住前面的男生，没有打理的长发乱糟糟地在风中飞舞。

我突然就想起了那句前几年特别流行的话：是在宝马车里哭，还是在自行车上笑？而我当时正好开的是宝马车，听着愉快的音乐，面带微笑。

我在第一次听到这句话时，没有太多的思考，因为似乎这两个选项对我都不具参考意义。我觉得这要看时间，如果是在晚上，我会很开心两个人一起骑着单车在海边兜风大笑。可是如果是在这样的早晨，我用心花了 40 分钟才打理好的造型，又如何经得起自行车后座的"风吹雨打"？这样的时刻，再美的爱情，我也是断然笑不起来的。

当然，上面不是我引用这个案例的重点。我的重点是，自行车和宝马为什么会成为一个选择题？在大家的观点里，自行车代表平民百姓的爱情，宝马代表"高富帅"的爱情。如果你对自己做一些规划，对自己"作"一点，你就会发现，无论自行车还是宝马，都只不过是一件很平常的东西。

如果你对自己够"作"，你会发现，即便当下你选择的是一个只骑得起自行车的爱人，他也会很快换上宝马车。而如果你不够"作"，你坐在宝马车里哭的时候也不会太久，因为你坐的这个位置迟早会被别人占据。

是的，社会就是这样残酷。我的 N 任助理都是这么被淘汰的。而我自己做助理的时候，身边的其他 N 个助理，也是这么被我干掉的。

以上，我要强调的"作"，是对自己的严格管理。以下，我要强调的"作"，是对老板的管理。如果你现在不是在工作岗位上，你甚至可以把它用作是对老公／对爱人／对男朋友的管理。

我们在上学的时候，考试对不可避免地要做两类题：一类是选择题，一类是解答题。选择题一般是四个选项，解答题是给你一个命题，让你围绕这个命题去阐述。那时候，我做选择题，一般分数不高；但是做解答题，一般都得高分。

后来，我在读了李笑来的《通往财富自由之路》，对自己进行系统分析之后发现，原来上学时我是一个解答题高手。这为我在做助理的路上提供了不少帮助。原因很简单，你是助理，如果你太会做选择题，太会做决策，让你的老板做什么？

对，核心来了。管理你的老板的核心就是，你自己做解答题，让你的老板去做选择题。而且要学会选择的选项越少、越简单越好。

你看，从这个角度来说，你是不是能给老板省去很多时间？不错，这就是你的老板雇佣你的理由。

"作"一点，让每一个解答题在你这里都得到完美的诠释。

我记得有一次在谈判中，我们想拿下深圳某项目。当时我的老板在得知对方一而再、再而三地挑战他的底线后，发下狠话说："撕破脸皮不合作了！"

当时我没有做任何表示，但是我一回到办公室，就认真而又详细地写下了整个合作的优劣对比。

当时的谈判是这样的：我们正在合作 A 项目，我们需要投资 120 万占股 3%，也就是每股 40 万。双方的意向是，如果 A 计划成功，那么拿 A 计划赚的钱，也就是另一个 120 万，以 51:34 的比例投入 B 项目，并且双方注册公司，对方给我们他手里 C 项目 20% 和 D 项目 10% 的股份。

现在产生分歧是因为，对方因为资金紧张，现在就需要 120 万。这笔钱要我们全出，但是我们只占股 2.5%，他直接退出他 34% 的股份中的大致 0.5% 的股份。

我跟老板解释：在这里，对方犯的是一个逻辑错误。也就是把未来当作现在去兑现，而且让我们为这个并没有实现的未来埋单。他忘掉了，他能拿到他的 0.5% 的股份也就是 40 万的前提是，我们得到了 120 万利润中的 80 万，此时退出他的 0.5% 股份才是有效的。这是第一点，这说明对方逻辑思维并不强。

第二点，从整个谈判过程来讲，对方所表现出来的急切和有一些用词的不准确，说明对方不是一个优秀的谈判高手，江湖经验还有待提升。

第三点，如果我们放弃对整个项目的合作，对于我们现在手里正在进行的其他项目有哪些关联影响。

第四点，如果我们很好地利用对方上面两点纰漏，应该如何取得整个项目的主导权，也就是以最少的成本占到最多的股份。

我的整个逻辑分析和优劣势对比让老板立马消火，同时进入了下一轮布局准备中。

最后，我们顺利拿下了项目，花费的是对当时来说最少的资金。

这里的"作"，是一套强烈的逻辑思维的训练和呈现。这需要我们在日常工作中做很好的积累和准备。

这就是"作"在工作中的极好体现。

作为一名优秀的助理，你不能不懂得一些基本的养生、谈判知识。不然，你如何逆袭当总裁？"作"一点，对自己严格要求，假以时日，你会发现你已经成长得十分优秀。

在我看来，"作"是一个人在生活中对自己的严格要求，包括知识积累、谈吐、微笑、站姿、走姿、坐姿，包括时间管理、精力管理、上司管理等。你只有让自己掌握更多有效技能，才会有逆袭的空间。作家孙悠颖说，你只有活成一支队伍，才有资格管理一支队伍。所以，在没有管理一支队伍之前，先活成一支队伍吧。

你可以认真反思一下在生活中有哪些地方是你没有注意也没有"作"的，然后从今天开始，给自己做一个规划，并且每天去坚持执行。一个习惯的养成，一般需要21天，你可以分为3个7天来逐步养成。然后你会发现，你已经很有规律地去要求自己了。恭喜你，这是你做总裁的起点。

做总裁，其实是做自己的老板。女人本来就有很多自己的优势。做女总裁，如果不了解女人的优势，那么在商场上与男人一较高下，你一定会很累，而且通常情况下会输得很惨。

# 与男人合作的艺术

　　驭男术，拆字理解很简单，就是驾驭男人的艺术。这样拆字，显得不大好听，我们换成好听的话，就是与男人合作的艺术。

　　很多女人，不懂得这种艺术。在电视剧《我的前半生》里，知性、优雅、高贵的职场女精英唐晶，本来可以过得十分轻松、有钱、有闲，最后却只能与贺涵分道扬镳。在我看来，她败就败在这点上。

　　智慧的女总裁，要么选择嫁给一位优秀的精英男士，要么选择与一位优秀的精英男士合作。这么多年过来，我见过形形色色优秀的男总裁和女总裁，总结下来：作为女总裁，你真的有很多优势可以发挥。

　　很多人会问："Rose，你不是说要做总裁吗，怎么又让女总裁选择嫁给一位精英男士？"是的，即便嫁了人，你也必须学会了解并熟悉金融市场，你必须学会发挥女人作为财库的功能，你必须让你的精英老公信任你，然后把家里的财库交给你掌管。如此，你一样可以是一位会用钱生钱的女总裁。

在这里，我重点分析一下为什么你要选择与一位优秀的精英男士合作，以及如何合作。

也许有人说："Rose，现在是男女平等的年代，你看在美国，身居职场高位的女性都已经占到43%了，你怎么还倡导男性主导世界，男性主导市场？"

我想说，这里是中国，中国的商场上，仍然是以男人为主。还有，如果你想做大生意，一群女人在一起，往往做不大。而如果你想走进男人主导的市场，就必须学会与男人合作。再说了，明明能够轻松一点赚钱，你却硬是要倡导"女汉子"模式，那我只好"呵呵"之后，继续我的轻松模式。而美国的那份调研，还强调了身居职场高位的43%的女性所从事的市场是有行业限制的。在中国，这一套现在还行不通。

我在深圳有一位很聊得来的姐姐。她在处理与男人的合作关系方面的能力真是教科书级别的。她是重庆人，年轻时利用超高的情商累积了不少财富，我认识她的时候，她的第二段婚姻才刚刚开始。对方是一位古董收藏者，身家是十多亿级别的。她走到哪儿都带着这位老公。那段时间，我在从事股票交易，业务做得风生水起。在此期间，我和她之间的合作也多了起来。后来，因为她一次投资失误，将投资人的钱亏得精光，并为此欠下2000多万的债务。于是，她直接跟当时的老公说："这个债务我会自己处理好，你要是不方便出面，你可以自己做决定。"

7天之后，她老公说："既然你已经欠下这样的债务，别人肯定会找上门来。我在场的话反而不好。但是如果我离开了，他们看你一个单身女人带着一个孩子，应该不会把你怎么样。"然后他们就离婚了。

这位姐姐跟我分享这一段往事的时候，已经是在她卖了房子、车子把债务还得差不多又出来做市场赚钱的时候了。此时，她身边是另外一位来自江苏的老板，胖胖的很憨厚的样子。

晚上跟姐姐一起吃饭的时候，她多喝了几杯。她说，虽然这个男人从外在看不如前夫，但是身边有一个男人，自己做市场的时候，一不会受欺负，二会受到合作方更多的认可。

她还跟我说，女人一定要学会运用自己的优势去做事情，单打独斗跟男人抢市场，往往不会有好结果的。

我觉得她讲得很坦诚。

她让我想起了我在模特经纪公司的老板A，是个40多岁的单身女人，霸道，一切都想自己说了算。跟随她一起工作的那段时间，也让我了解了她的辛苦和不容易。白天处理工作的事情，晚上要陪客户唱歌、聚会。我见过她一次次在洗手间吐的样子，吐完之后，继续陪客户喝酒。跟她一起工作的时间里，我很少在凌晨 3 点前下班，她当然也是。

那是一段十分辛苦的日子，父亲知道后跟我说："女儿，你要为自己的身体着想，你这个样子，爸爸很担心你会吃不消。"

可是这样的生活，A 已经持续了很多年，从她工作的状态和为人处世来看，这二十几年她都是用这种"女汉子"模式一路走过来的。

相比现在的这位姐姐，A 的确辛苦了太多。

所以当姐姐分享的时候，我虽然能感觉到她的不容易，但我依然为她的高情商和智慧开心。

这位姐姐翻身所用的时间很短，后来她的事业一直做得很好，她重新拥有了大把的财富和漂亮的人生。

这是一位智慧的姐姐。在跟客户喝酒的场合，她从来不会抢风头，也不会自己去主导酒宴，而是抛出话题，大家一起开心喝酒、聊天。该敬酒的时候，她让自己的男朋友作陪，这样她就可以保持最好状态轻松将合作谈下来。而在其他比如喝茶的场合，她谈完事情，男朋友就会负责开车照顾她；如果她想一个人的时候，她可以自己开车回家。

这位姐姐说，这种相处模式，自己的经济和思想独立，又能处理好男女关系，自己感觉比较轻松和自由。

我有另外一位和那位姐姐完全相反的朋友 H，是漂亮的"80 后"，有迷人的脸蛋，在很多场合都让人很喜欢跟她交朋友。

我在刚认识她的时候，也很喜欢她。但是后来知道她 30 多岁在深圳还没有任何物质积累，也没什么朋友，我就有点好奇。在那之后的两次朋友聚会上，我明白了其中原因。

第一次是在跟深圳一位房地产老板 W 的晚宴上。我和我的搭档 L 一起，我觉得这个场合有个朋友陪着 W 会好一点，于是我就打电话邀请了 H。

刚开始的十几分钟，气氛还十分不错。但是两杯酒下肚之后，H 就开始管不住自己了，一直滔滔不绝地说自己的项目，让 L 和 W 都没有说话机会。我当时有点小尴尬，不过并没有太放在心上，我想大概是喝酒的原因，H 才会这样。但是后来的接触，让我更加明白了，不懂与男人合作的女人真的比较糟糕。

还有一次是在深圳南山与老板 A 的饭局。我们一起邀请了十几个朋友，当时饭局的重点是撮合 L 与 A 的项目合作，我们深圳分公司的负责人也一起参加，我也打电话叫上了 H。

　　饭局进行了大概十多分钟，H 跟上次一样开始滔滔不绝。L 两次阻止，她都无动于衷，依旧跟 A 套近乎。我实在看不下去了，趁着去洗手间的时候跟 H 说："在饭桌上，我们要给东家面子，要学会给场合加分。"没想到 H 的话却让我如梦方醒，她说："你以为只有你们可以是饭局的焦点吗？怎么了？ A 喜欢我，我就不能施展我的魅力了吗？业务谁都可以做，我已经来了，为什么不带点业务回去呢？"

　　我看了 H 足足 10 秒钟，什么话都没有说。后来这顿饭局也是不了了之，什么都没有谈成。但是 L 让 A 留了我们深圳分公司负责人的电话，言外之意就是这些合作跟 H 不会有任何关系。然后 A 心领神会地与深圳分公司负责人握手。

　　我从此以后再没有跟 H 有任何接触。L 的总结让我很受用，他说："一个不懂得与人配合、管不住嘴巴、想四处捞客户的女人，无论多么漂亮，都不会在商场上有大作为。男人不会重视她，女人不会在乎她。这样的女人，是活活将一手好牌打烂的笨蛋。"

　　圈子需要经营，人脉需要经营，口碑也需要经营。后来很长时间，在我们共同的圈子里，都不再有 H 的身影。每当有人提到她的时候，我也能清晰地感知到大家对她的不在乎和一点点排斥。这样说来，她应该做了不少相同的事，而没有吸取任何的教训。

女人行走商场，靠的不是四肢，而是脖子以上的部分。

我与商场精英男 L 合作多年，他说这是我最拿手的地方，永远知道何时应该开口、何时应该闭嘴；永远知进退，懂分寸。

与 L 合作的时间里，我赚取了比其他任何时候都多得多的财富。

# 善良是为人的根本

《我的前半生》剧情接近尾声的时候，罗子君的妈妈突然病逝让我产生了很多感触。在过去的日子中，这位妈妈脸上总是挂着嫌贫爱富的表情，对有钱的人极尽恭维，对没有钱的人又是十分瞧不起，为此不惜与二女婿吵得家无宁日。

一个家的和平，重要的是母亲。而罗子君娘家没有任何和平可言，与这位妈妈息息相关。

后来，这位妈妈遇到了一位有钱的华侨崔先生，于是对对方极尽所有之好。甚至在对方的儿子认为她是为了对方的钱财时，不惜跟对方的儿子大吵大闹。

这位妈妈虽然是爱子女的，但是生平的所作所为却从来没有任何"和善"的地方，咄咄逼人，一天到晚忙不停，女儿的事要操心，崔先生的事要操心，似乎所有的事情都要操心，永远没有一个尽头。

这是一位不会享福的妈妈。

最后，这位妈妈原本以为她可以从此进入崔先生的富贵之家了，结果却病倒了。这一病不要紧，竟然是癌症晚期，已经无法再治疗了，只能痛苦地死去。

这位妈妈，让我意识到女人的善良是多么重要；活在当下，和善地处理周围的一切是多么重要。这位妈妈一生都在追逐财富，可是死后账户上的 30 万却没有机会花。

对于某些东西，人们固执地追逐，往往只会适得其反。尤其是在面对生活中的不如意时，如果处理方式只是以自己为中心，不考虑其他人的感受，这种方式终归是狭隘的。

故事中结局部分的唐晶也是。因为不满闺蜜与贺涵相爱的事实，不惜一切代价进入贺涵的公司，还强行拿走贺涵的客户资料，目的是要证明自己不比贺涵的能力差。然后她上任副总的第一件事，就是强行解雇之前骚扰闺蜜家庭的第三者，没有任何理由。如此横行带来的结果就是，这位第三者不满她的欺凌，将公司客户资料泄露出去，在公司里被唐晶得罪的其他人的协助之下，让唐晶在圈内名誉扫地，甚至还影响到了公司的声誉。关键时刻，贺涵背下了所有黑锅，离开了公司，南下广东。那时候，闺蜜也到了广东，并希望自己的离开，能给唐晶和贺涵留下更多独处的时间。

不和善的唐晶，除了丢掉了饭碗，还让自己和男朋友在上海待不下去。生活就是这样，你种下什么因，就会得到什么果。

善良是我们的根本。

一个女人，如果连善良的特质都没有，那么她很难有好的事业，好的家庭，好的伴侣。而女总裁行走商场，也是一样，需要善良。商场"杀戮"很多，可是你看到有几个打打杀杀的老板结局是好的？

作为女总裁，要善良还有另一个原因，那就是善良的女人更美丽，更迷人。人的面相很大程度上是自己的内心投影，一个善良的女人，流露出来的外相也是极其迷人的。

当然，善良也是吸引男士的优秀品质之一。精英男士寻找优秀伴侣的核心因素之一就是善良。

想想既然善良有这么多好处，你要不要一直善良下去呢？

第五章

女性总裁的制胜秘籍

# 我花 55 万学来的这个本事，你一定要学会

大家有没有这样的经历，就是你在跟人谈话的时候，总有一些人问一些简单到极致、你一遍又一遍不断解答的问题，让你甚至都不想再搭理他？

有一次，一群人在一起泡茶，李总跟大家分享一个赚钱的项目，他在黑板前详细地分享了项目明细、背景、资质、运营团队、项目前景、如何参与项目、如何分成、如何组建团队等，整整花了 1 个小时的时间。然后李总喉咙干渴地坐下来，跟大家一起泡茶，谈成交。其中很多人都明白了原委，都直接投资参与了项目，其中一个"90后"的小伙子 N，一边看手机，一边问李总："这个项目赚钱哈？"

李总用心地回答："是的。"

"这个项目是怎么赚钱的？"

"我刚才详细分享的就是项目怎么赚钱和赚多少钱的

问题！"

"项目为啥赚钱？"

"我刚分享的时候，你听了吗？"

"听了！"

"是要一起参与是吗？"

"这个项目赚钱哈？"

……

N 的问题又回到了原点，我看着李总脸上无奈的表情，深表同情。

生活中，我们通常会遇到这样的人，他的聊天内容 2 个小时只围绕一个圈进行，你需要一次又一次地解答他问的同一个不经过大脑思考的问题。

3 月，公司新接手了一个项目，一位 Q 姐姐很有兴趣，于是我们约在周五下午 3 点在公司一起泡茶详谈。

那天，公司客户非常多，但是我把下午 3 点到 4 点的时间专门留给了 Q。3 点过去 10 分钟了，我没有见到 Q 的影子，于是打电话给她。

"我在的士上，心彤，好塞车！"

3 点 50 分的时候，我还没见到她。微信询问之后，她用语音回复："抱歉，心彤，我迟到了！"

4 点 30 分的时候，新的客户来了，于是我说："如果你还是到不了，我们晚一点再谈，我先接待别的客户。"

"心彤，我马上到，马上到！抱歉，我迟到了！"她的语音又来了。

5点30分的时候，Q终于来了，此时，我和客户的谈话大约还需要10分钟才结束，Q一坐下来就不停地道歉，一直说对不起。等我终于把客户送走坐下来跟Q谈的时候，她一直定定地看着我：

"心彤，你的皮肤好好哦！"

"心彤，你的这身衣服哪里买的？"

"心彤，你的发型哪里做的？"

"心彤……"

我在回复每一个"谢谢"之后都报以一个友好的微笑。6点了，我们一起去吃饭。

席间，Q又大概道歉了6遍，然后我们终于开始谈论项目的话题，我在分享了项目的细节之后，Q中途接了3个电话。

Q接完第一个电话问我："这个项目刚开始哈？"

我说："是的。"

Q接完第二个电话："这个项目这个月开始的哈？"

我说："是的。"

Q接完第三个电话："这个项目刚开始哈？"

我们见面两个小时后，我终于明白了Q姐姐的逻辑，那就是没有逻辑，完全不想事也不关注事，于是我决定不再开口说话了，因为没有效率。

晚上 9 点我送走了 Q。出门时，Q 又道歉了 6 次，然后说："今天太不好意思了，心彤，我们下次再约哈！"

我连忙说："好，好，好！"

那一次之后，我再也没有约过 Q。

用我的老师 F 的话说就是，Q 完全不是一个战略型人才。真正的战略型人才，应该有强烈的逻辑思考和分析能力，问的每一个问题都经过深思熟虑、严密加工。也就是说，在问题问出来之前，他应该已经在大脑里做了严谨的推理和分析。

战略型人才熟知战略的意义，而战略的核心是项目的统筹与规划能力，也叫作项目管理能力。

做了这么多铺垫，这里我要跟大家分享的能力就是项目管理能力。这是我花了 55 万才学会的一个本事，而且两年来，我运用得驾轻就熟，为我带来了超过 10 倍的利润回报，现在免费分享给大家。

项目管理能力的培养，要求我们第一步一定要学会把任何一件事情都当作一个项目来看待。小到谈恋爱，大到谈生意，都可以当作一个项目来对待。这就要求我们要有全局思考能力，思维和注意力不能只停留在某一个点上。

凡事全局思考，看事情的视角就不一样。比如，你想谈恋爱，如果你把这件事情看成是一个项目，你就能提前规避很多常常会遇到的恋爱难题。

假设你是男生，你想找一个可以结婚的女朋友。你的流程应该是这样的：第一步，挖掘自己的需求。首先对自己做一个评估，包括年龄、阅历、事业、财富、健康状况、个人喜好，完成知己知彼的第一步——知己。

第二步，重点放在"我要找一个女朋友，什么是我最在乎的"上面。美貌吗？不是，要结婚有比美貌更重要的。钱吗？不是，也有比钱更重要的。家庭背景吗？不是，还有比家庭背景更重要的。性格吗？不是，太听话没思想的也不讨人喜欢。

那么要恋爱结婚，究竟什么才是最重要的？对，彼此之间同频最重要。两人之间要有话题，她要跟上你的思维，你们在一起要有趣味。彼此能够同频沟通，比如要共同经营好买房、买车、结婚、要小孩这些事情，比如要孝顺彼此的父母，要共同处理好与双方的同事、朋友、亲戚的关系。

第三步，此时，你应该比较清晰地知道自己要找什么样的姑娘了，只需付诸行动就好。

很显然，通过第二步的分析，你就会知道你要找的人在酒吧遇见的概率太小，所以地点有限制；这样的姑娘一定不会经常在晚上11点还不回家，所以时间有限制；这样的姑娘一定不会每天浓妆艳抹奇装异服，所以着装有限制；这样的姑娘一定不会把头发搞得特别花哨，所以发型有限制……

你甚至可以根据自己的喜好，在本子上写下你所有的要求，然后综合起来，你想要找的姑娘的大致样子就出来了。

第四步，找到之后，跟这样的姑娘相处，因为你最在乎的是她与你的同频，所以你连她偶尔的撒娇、偶尔的买买买、偶尔的无理取闹这些女人恋爱时的通病都不会太过于在意。在恋爱过程中，你还会慢慢地感染她，让她养成很好的习惯和脾气，从而让恋爱的每个过程都是值得回味的。

进入婚姻之后，因为你最在乎的是她与你的同频，所以你会主张她也工作，你会理解她并与她分担家务，你会在她孕期、坐月子期间陪伴她，你会在孩子出生后与她共同陪伴孩子，养育孩子。

你看，因为你的核心注意力是明确的，所以，其他很多在别人眼里看起来很大的大事，在你这里都不再是什么事了。

这样你们会吵架、会离家出走、会把家里搞得鸡飞狗跳吗？很显然不会。

所以，我们在做一件事情之前，就要把它当作一个项目来做，这样你就会考虑到风险的存在点并提前规避。就像在找女朋友这件事上，你就不会四处泡妞或者被妞泡，冒着甩别人或者被别人甩的风险，你就不会跟很多人一样分手之后人没了，钱也没了，徒留伤心。

我是招商主持人，拿招商会来做案例。

如果把一个招商会当作一个项目来运作，我们会把这个项目分为招商会前、招商会中和招商会后三个部分。在每一个部分，又分为定向—邀约—会务筹备、台上—台下—成交、跟进—签约—客服三个部分。

把招商会用项目管理的方法来做，你就不会在会前紧张兮兮，害怕邀约不到人；也不会在会中东审一下、西审一下，心里跟跳蚤一样七上八下；你就不会在会后立马给员工放假，因为还有更重要的客户跟进与回款事项要完成。

把招商会当作项目来做，就会把握到招商核心，也就能完成高额的招商业绩和不错的渠道招募。

把招商会当作项目来做，你就会真正搞清楚招商会的意义，并且会爱上招商会，轻松地用低成本赢取高额的招商业绩回报。

低成本，高回报，这就是项目管理的好处和意义。无论是时间成本、人员成本、沟通成本还是会务成本，都会大大降低；无论是渠道加盟商的回报、股东回报，还是能力以一敌十的好员工、好团队的回报，都会大大提高。这些都是培养项目管理能力的驱动力所在。

那么，在我们的日常生活中如何培养项目管理能力？

这就回到了本节的开头所阐述的：要有全局思维，要深入、有逻辑地思考，要提有价值的问题。

掌握了这一点，你就不会问那些别人不愿意回复你的没价值的问题，你也就不会再在日常的琐事上浪费太多的时间，走更多的弯路，还抓不住问题的点子。

在思考上，我提倡在有全局思维的前提下独立思考。那些通过互联网搜索就能得到答案的浅显问题，就不要耽误时间去向别人开口了。养成关注热点、关注趋势的习惯，平时多跟互联网接触，现在是移动互联网时代，基本一部手机、一台电脑就能解决你80%的问题，根本不用劳心劳力去向别人开口欠下人情还惹人不耐烦。

在提问上，我提倡独立思考之后提出有价值的问题，最简单的要求就是，你提的问题不能只是一个简单的是或者不是、有还是没有这样二选一的答案，你提的问题要让对方觉得你用心思考了、分析了，甚至要给对方在回答你之前都不敢小看你，要去花一点思考整理才对得起你的问题的感觉。

有价值的问题往往更高效，跟"慢慢来比较快"的核心道理一样。

项目管理能力的培养还需要我们有赚大钱的野心和耐心。

你需要把项目养起来再卖，才能卖个好价钱，如果没有这份野心和耐心，是断然成不了大气候的。

有赚大钱的野心，你才会有驱动力把项目做大、做强、做完整；有赚大钱的耐心，你才会忍住寂寞，用心坚持，直到最后。

我做招商这么多年，那些一心想挂个牌然后四处融资中饱私囊的人，基本到最后都越混越糟糕，也让那些刚开始信任他们的朋友四散离开，不再有任何合作。而真正收获最大的却是那些扎实运作项目的人，他们一步一个脚印做服务、做网点、做渠道，不断产生现金流和财务盈利，最终无论在人脉和资本市场上都能大获全胜，很多项目从创始的 10 万、20 万一股，到最后的 100 万一股，让公司越来越值钱，而创始人本人也收获财富、名气和社会认可。

生命原本可以如此有意义，你为何不静下心来，花一些时间去打磨自己，去培养自己，去把自己也当作一个项目来运营呢？

# 认真吹牛的人，终会变得更牛

做投资理财、招商路演，每天需要跟形形色色的人打交道。在资本市场上，吹牛的人特别多，我刚开始还不大习惯，后来见得多了，经历得多了，便慢慢有了辨识度。

在我看来，认真吹牛的人，终会变得更牛！

在这里，我们需要把焦点放在"认真"二字上。

认真是什么意思？认真是一种态度，一种严肃的态度。认真对待某事的人，一定能持续付出并且持续兑现。

所以，这里的认真包括两个方面：一是他持续地吹牛，二是他持续去做这些他"吹"出来的很牛的事情。

那些在企业成立初期为了拉投资信誓旦旦地说"我要打造一个比阿里巴巴更牛的公司，我要打造一个比京东更大的网上商城"的人，他的公司一般熬不到一年就死掉了。因为他根本没有分析阿里巴巴背后的时代背景，他也不知道京东的大股东之一是腾讯，而刘强东早就说过腾讯是源源不断的资源，京东 22% 的订单都来自腾讯。所以，想要打造一个比阿里巴巴、比京东更牛的公司，要让时间回到 1999 年！

复制永远产生不了新的东西，除非创新！

所以这些吹牛的话，以后你听听就算了。一个做《商业计划书》时连时代背景、当下社会发展态势都没搞清楚，认为复制就能比别人牛的人，很难真的变成牛人。

## 认真吹牛的人，往往拥有大梦想，而且十分专注

D 是颐养天年的老板，在他做第一轮招商路演融资的时候，我和 L 就投资了。对于我们投资的理由，L 就一句话：看到 D 在舞台上认真而专注的样子，聆听他的梦想，就一个感觉：我们一定要支持他的梦想！

D 的梦想就是，让天下没有孤独的老人！

终有一天我们都会老去，我们根本不需要做任何细节分析，就被 D 的梦想打动。这是一位极富爱的驱动力的老板。

第一轮融资结束之后的两年时间里，D 的企业越做越大，无论走到哪里，他跟人谈论的话题永远只有一个，那就是如何将这份有关养老的事业做好。

两年过去，D 的加盟店开了 30 多个，而且政府还为他提供了大量的免费场所，积极支持他的梦想。

专注，让那些认真吹牛的人，一步步变得更牛!

## 认真吹牛的人，往往都见过大钱

L 是我的合作伙伴，不熟悉他的人，通常会酸溜溜地说：他也就长得帅，爱嘚瑟，没啥牛的。其实跟他接触久了，交往多了，才知道人家是真牛啊。

L 在 26 岁的时候，就拥有超过 500 人的团队，并且整个团队极度认同和尊重他。没有几把"刷子"，你能让 5 个人佩服你并跟随你，你就了不起了，你做 500 人的团队试试?

他在合作伙伴卷款 1500 万潜逃的时候，自己一个人留下来，用了 4 年的时间偿还所有的债务。更厉害的是，他一个人打 6 份工，慢慢把这些钱都还完了。

4 年之后，他偿还了所有的债务。当他在第 5 年再次迎来自己事业巅峰并说出这一段故事的时候，所有人都被震撼了。

在那之前，没有人知道他的这段故事，在他们眼中，L 是一个每天都积极努力工作的人，没有人知道他还有这样辛酸的过去。

所以在第 5 年，L 轻轻松松赚取上亿财富的时候，他的身后再次跟随着大批信服他的人。

L 的座右铭是：交朋友不管原来有钱没钱，反正相信我之后都会变有钱。

认真吹牛的人，往往都有自己非常牛的故事和经历，他们赚到过也拥有过大钱！

一个人如果连 10 万都没有，你给他一个亿，他也不知道怎么花！所以从这个角度来看，王健林那句"给自己设立一个小目标，比如一个亿"往往只是小众的需求，大众都用它来当玩笑话了。

见过大钱、有过非常牛的故事和经历的人，往往也更容易再次变得牛起来。

## 认真吹牛的人，具备领袖的核心品质

优秀领袖应该有的自律、自燃力、自愈力，他们都具备。

上面提到的 D，连续两年，每天雷打不动 7 点到公司，忙到晚上 10 点回家。他的太太是我的好朋友，她说他真是太了不起了，无论公司发生啥事，他都能冷静面对，他一天工作 14 个小时，晚上回家还能给孩子道个晚安。

我的合作伙伴 L，忙的时候每天接待 8 批客户，边泡茶边洽谈业务，有时候实在累得不行，一杯红牛就搞定了。这么多年，他从来没有过跟客户红过脸，从来没有对客户有不尊重的时候，无论客户那边发生什么事情，他都能理解包容，并且妥善处理。

良好的行事和处事习惯，让这些认真吹牛的人，每天都在践行他们的"牛"。

吹牛并不可怕，可怕的是只是信口吹牛，而没有行动。

我亲爱的朋友们，以后再遇到那些爱吹牛的人，要学会甄别。如果你发现他真是一个在认真吹牛的人，不妨再给他一些鼓励。这个世界，即便再小的梦想，也值得被认真以待。

祝福所有认真吹牛的人，最终都真的变得更牛起来！

## 你本来很优秀，不要败在了这一点上

上周末刚在深圳开完招商会议收拾物料时，发现专门为大家买的马卡龙糕点不见了一盒。直到会议结束的第二天，也没有人主动跟我说一声是谁拿走了。

不过我一眼就看出来是谁拿走了。

昨天这位朋友跟我微信聊天，晒他收到的红包，我在祝福的同时，也发了这样一句话：要学会赚大钱！收收红包这些都是些小钱！

他回复说："好的。"

我于是顺口问了一句："糕点是不是你拿走了？"

他回复说："是的。"

我自此没有再说任何话。我相信他明白我说的"学会赚大钱"的意思。

老家有一个邻居J，那时候爸爸在部队上，我和妈妈在家时常跟她打交道，平时乡里会举办一些聚会活动，她基本都不会错过，总是去凑凑热闹。

但是我发现了一个怪现象，就是在活动现场，无论看到什么，她都会顺手拿走，比如丝巾，比如花，比如果篮。

后来有一次，我家给爸爸过生日，晚上搞聚会。结束时，发现爸爸专门给妈妈买的一条丝巾不见了。爸爸问了几个人，有人跟他说是J顺手拿走了。当时妈妈有事进屋，就把丝巾放在了凳子上，J看人都走了，就顺手把丝巾拿走了。

爸爸气不打一处来，但是妈妈让他忍忍，毕竟这事没有证据，不好说出来。大概一个星期后，J又故伎重施，这次拿的是妈妈的另外一样东西。爸爸实在看不下去了，去找J的老公理论。

两个男人理论的时候，J却在一旁煽风点火，最后两个男人大打出手。当妈妈赶到现场的时候，爸爸已经把J的老公的头给打流血了。爸爸是军人出身，为人正直，实在看不惯这类事，所以出手重了些。妈妈给爸爸使了几个眼色，于是大伙一起把J的老公送到了医院。

忙完后，爸爸跟妈妈一起回家的时候，爸爸发现自己左手上的手表不见了。回到家左思右想，终于回忆起来现场的情况，就是在他动手打J的老公的时候，J在旁边劝架，顺手摘走了爸爸手上的手表……

我们一家人哭笑不得。

妈妈是一个十分忍耐和包容的人，她淡淡地拍拍爸爸的肩膀说："没事，这些都是小东西，我们以后留意，别再让她拿走就好了。手脚不干净的人，老天自会惩罚，我们过好自己的日子才是关键。"

后来，我们搬走了，很多年没有回去，但是偶尔还是会听爸爸说一些家乡的事。因为比较了解 J 的为人，所以会特别注意一些关于她的事。比如 J 的大儿子去世了，比如 J 的父亲去世了，比如 J 一家过得还不如以前，等等。

其实邻居 J 家底子一点不差，自己长得也不错，又精明，老公做修鞋生意，我们搬家的时候，她有两个儿子。但是 J 从来都缺少为人的大气，因为顺手拿走太多东西，于是邻里乡亲跟她的关系并不好，很多人都会防着她。又因为她特别抠，总是喜欢占别人的便宜，而自己却从来不喜欢掏腰包，所以她家的聚会、喜事也都不多，因为送礼是有来有往的，她并没有在平时积累好这样的人际关系。这么多年过去，总是喜欢占点小便宜的她没有多少真正的财富。

东西无论贵贱，如果不是自己的，都不能随便拿走。这是一种很小的生活习惯，却足以影响别人对你的评价。

无论是我第一次离开家乡去异地上学，还是后来独自一人出国，爸爸什么都没有多说，只告诉我一句话，他说："一个女孩子，在外边要学会抵挡诱惑。"

这句话一直影响着我。

他教会了我无论想要什么，都要靠自己的能力去获得，而不要想走捷径。这个习惯，让我从不轻易要别人的东西。别人送的东西看似是免费的，可是你欠下的人情却是无价的。如果能用钱把事情解决掉，就一定不要动人情。

十几年过去，这种习惯让我渐渐发现了自己骨子里的贵气，而这种贵气，不仅让我收获了事业的突飞猛进，也让我收获了贵气的爱情。

刚跟爱人恋爱的时候，他以为我会像其他女孩子一样，吃完饭，就带他去奢侈品店转一转，然后缠着他买个包、鞋子之类的东西；他以为我会像其他人一样，有事没事就问他要点零用钱花花……可是很长时间过去，他发现我从来不开口，也不这样做。甚至有时候，他主动说要送我一个什么礼物，我都直接回复说："这些我都有，如果我喜欢，我会自己买，我都买得起。"

我能隐隐感觉到，我逐渐走进了他的心，我的这种贵气让他渐渐放下了自己的戒心，开始对我敞开心扉。

尤其是在一线城市生活的女孩子，都爱美，开销都大，名牌包谁不喜欢？名牌鞋谁不喜欢？于是有很多女孩子就喜欢通过恋爱的名义，来让男人为自己的欲望埋单，还美其名曰：男人肯为自己花钱，就是爱自己的表现。

试想，都是在一线城市打拼的人，哪个男人会不熟悉女人的这点套路？

如果看到什么都想要，都想变着法子让他买给你，你只会让他觉得你见过的世面太少，你拥有的东西太少，你身上的贵气太少，你的能力也太小……试想，一个各个方面都有欠缺的女人，男人会全心全意对你并为你掏心、掏肺、掏钱吗？不会！即便偶尔为你花一点钱，也是一点点小钱而已，想得到他的心，别逗了，他的算盘比你打得还精明呢！

在交往一年多之后，L 说我最打动他的地方就是我的独立。虽然我有很多名牌包、鞋、衣服，可是那些都是我自己买来的，而且对这些东西，我一点不贪。他说，我知道如何经营自己，这让他很放心。

于是后来在一次高层深造的课堂上，他知道我想来上课时，眼睛眨都没眨就为我刷了 10 万的学费。再后来，在我们一起合作的很多项目上，无论股份还是入账，他都让写我的名字，资金进入我的账户。当然，在买房子这样的大事上，他也是积极付款的。

不贪占小便宜，得来的往往是大便宜。

我并不主张女人一点都不要花男人的钱。我主张的是，不要什么钱都想靠别人，不要随时都想占一点小便宜。这样显得小气，显得不够上得了台面。

女人的智慧分很多种，大智慧不是人人都可以得到的，却是在日常生活中可以慢慢修炼的。

不要把钱看得太重，不要把物质看得过重，如果真的很喜欢钱，很喜欢物质上的满足，就自己积极努力，这些东西自己通过努力得来，过程会比结果更让人兴奋。

那些打着恋爱、相亲名义，处处想着法子骗男人几个红包、骗男人给自己买几个包的人，有几个到最后大富大贵了？

包会随着时间的推移而贬值，人也会在这样的时间流逝中变得世俗，变得不值钱。

糕点是小东西，丝巾是小东西，手表是小东西，包是小东西，鞋是小东西，可是这些都不是你的，既然不是你的，即便小，也不要随随便便拿走。

养成好的行为习惯，干干净净做人，踏踏实实做事，认认真真恋爱，这个世界从来都是公平的。

你本来可以很优秀，别让这些小东西毁了你！

# 为什么越亲近的人越难合作

整个社会都在强调圈子的更新，强调建立人脉关系的重要性，慢慢地我们发现一种现象，那就是跟你越亲近的人，越难产生合作。

项目发动起来，往往是陌生人更先认可和参与。熟悉的人，要么不参与，要么给你泼冷水。

我们一起来探讨这其中的缘由，并一起寻求解决的方法。

首先，我们来看看：为什么越亲近的人，越难合作？

## 太熟悉

当你跟熟悉的人说你要开始创业的时候，他们很可能是看着你长大的，用他们的话说就是，他们知道你值几斤几两，所以，你创业，他们不参与。

再深挖一点，为什么他们太熟悉你就不参与？核心原因还是不信任。因为他们太熟悉你的情况、你的家族情况，他们会想，你的爷爷怎么怎么样，你的爸爸怎么怎么样，你们家的谁谁谁怎么怎么样，他们都没有大富大贵，你凭什么可以大富大贵？

如果只是礼貌地拒绝还算好的，有一种更糟糕情况的是，他们不仅不支持你，还给你泼冷水，打击你，说你们家谁谁谁比你学历高都没有创业成功，你凭什么可以？你们家隔壁谁谁谁因为创业欠了银行多少钱现在处处是窟窿，你凭什么比他强？如此种种，让那些创业意志力不强的人就此罢休，开始得过且过。不过对于笃定要创业的人来说，这或许反倒是一种助推力。那就是，你越不相信我，我越要成功。


## 风险未知

我们知道创业或投资都是有风险的，越亲近的人越不好白纸黑字地按照商业游戏规则来进行。为什么？因为亲近啊。

而风险又是未知的，这就好像是，成功了，咱们利润平分；失败了，算我的。这有失合理性。于是越亲近的人，就干脆选择不合作，从一开始就规避这个风险。

因为有太多的案例证明，亲近的人合作到最后连朋友都没的做，得不偿失。

## 没能力

说得再直白一点就是，他们认为自己没有能力跟你合作。这里的能力体现在两个方面：一个是金钱的能力，还有一个是梦想变现的能力。他们自己没钱，所以投资不了；他们不认为自己可以出人头地，所以连大的梦想都没有。他们告诉你，我就是一个小市民，我没有你那么大的野心，所以还是你自己去闯吧。

针对以上两种情况，我们应该怎么做？

我们知道，熟人的圈子总是有限的。所以，越熟悉的人，无论与你合不合作，都不应该是你考虑合作的核心圈层，一是情感成本太大，二是未来风险太高。针对熟悉的人难合作的问题，你需要做到以下三点。

## 坚定目标

只有坚定目标，并且持之以恒地去做，你才有成功的可能。

你成功了，他们看到了，你才能慢慢树立自己的威信，才能在未来的合作中主动吸引他们参与进来。你主动出击找他们，成功的概率远不如靠你的成功吸引他们来找你的概率大。

## 保持距离

我特别喜欢那句话：君子之交淡如水。

对于过于亲近的人，如果你把你的好事坏事、人生的高峰低谷都一股脑地告诉他，那么他渐渐地就摸清了你的底细、你的思路，对你的好奇心和崇拜感也就没有了。尤其是如果对方知道你正处于事业的低谷期，就更不可能跟你合作。

利益这个东西，是十分理性的。所以，保持适度的距离，让该来的来，让该走的走，你会更加轻松，更加没有包袱。

## 越亲近的人，越不要合作

每一个创业者或者做投资的人都知道，尤其在刚起步的时候，你最需要正能量，最需要一群志同道合的人来一起全力以赴地做事。

越亲近的人，无论是亲戚，还是朋友，如果参与了，就会习惯性地对你指指点点。如果事情进展顺利还好，可是创业哪有一帆风顺的。于是，遇到一点波折，他们就来跟你闹了，轻则问东问西，重则撤资走人。与其这样，不如从一开始就不要与他们合作，保持最初单纯的亲戚或者朋友关系即可。这样反而相处得更长久。

那么问题来了，创业或者投资时候，我们应该与怎样的人合作？

我们知道，在建立人脉圈的时候，我们讲究对人脉进行梳理。

通常我们会将人脉分为三种：

第一种是核心，就是比你厉害，可以做你导师的人。

这里的厉害，不仅是指能力，还有财富和社会地位。与这类人合作，他能为你带来的不仅有投资，还有社会资源。

第二种是与你志同道合的人，就是跟你一样，有梦想、有野心、有能力的人。这种人往往跟你一样，无论财富还是梦想都还没有到达一个度，所以有全力以赴干事业的动力。

第三种是不如你的人。不如你的人，又分两类：一类是不如你但是认可你甚至欣赏你的人，这类人只适合跟随，不适合做领导层；一类是不如你还看不惯你的，这类人直接排除掉。

在创业或者投资时，第二种人是我们的选择核心。

当我们选好了第二种人，组成了一个好的团队，我们可以组团去争取与第一种人的合作。跟第一种人的合作，更多的是投资和顾问方面的合作，他们不适合参与到运营团队中来。

项目做大的时候，第三种人中的第一类越多越好。因为，做将才，一定要有大批的兵，不是吗？

# 热爱销售，培养强大的销售气场

因为业务发展需要，我上周又面试了一位助理 N。

N 是朋友介绍的，朋友说自己十分认可和看好我，尤其是在招商领域，但是自己因为销售能力不够强，所以没有机会一起过来工作。机缘巧合，朋友身边有一位十分符合我的要求的女性需要这份工作，于是让我一定安排一点时间见见她。

很多事情都讲究缘分，这一次也一样。初见 N 的时候，我们两人就很投缘，我一眼就看得出 N 对我的欣赏。我先跟朋友闲聊几句，问候之后，开始跟 N 详谈。N 开口跟我讲的第一句话就是："心彤，你的气场好强，我很喜欢。"

我看着她听她介绍自己，几分钟之后，她停顿了一下，说："第一眼看你照片，以及朋友的介绍，我还以为你是一个女强人，不好接触的那种。但是今天见面，我觉得你是气场强、事业心强但是又是好相处的那种人。"

N 继续说道："我眼中有能力的女人分两种，一种是有能力但是不好相处的，另一种是有能力但是好相处的。很庆幸，心彤你是第二种。"

我面带笑容，静静听 N 的分享。我很开心，N 也是一个有野心、喜欢销售的女子。

其实那位为我介绍 N 的朋友自己也想突破自己，进入营销领域，但是她过去多年从事的都是行政工作，没有接触过营销，现在刚刚起步，希望在营销上多多提升自己。还有就是，营销收入无上限，她想多赚一些钱。她去了一家培训公司，私下想跟我一起做一些理财，受一点营销的熏陶。

N 来自湖南，之前一直从事培训工作，长相甜美，口齿伶俐，在陌生人面前没有矜持或者害羞的感觉。这一点很重要，从事营销工作需要女孩子笑容甜一点，嘴巴甜一点。这是我的基本要求。

面试进行得很顺利，我十分开心看到越来越多的女孩子进入了营销领域，也开心地看到，越来越多的女孩子爱上了营销。

营销是一个技术活，也是一个体力活，不用心，一定做不好。我从事招商主持多年，见识了形形色色的人，每一次营销，都是一件极其用心策划的事情。营销的目的是成交，一个不会成交的营销人员，自始至终缺了点火候。

微信上有一个认识多年的女性朋友，上个月突然给我发微信说："心彤姐，我来自××，因为这份工作的工资待遇太低，所以想尝试做微商，但是我发了三个月朋友圈，都没有一个成交单……"

"你为什么要做销售？"

"我就是想多赚一点钱。"

"销售卖的是什么？"

"就是那种大家都卖的面膜。"

"你平时自己爱打扮吗？"

"我们这是一个小地方，平时其他人都不怎么打扮的……"

"你有没有想过，微商不是在朋友圈发图刷屏那么简单？"

"我不知道，我看我的介绍人她们都是这么发的。"

"你的朋友圈发的内容都是自己写的吗？"

"不是，我复制过来的。"

"你爱销售吗？"

"我……"

跟她的聊天到这里，我就停下了。因为原因已经十分明显，一个不爱营销、不了解自己销售产品的人，是一定做不好销售的。

2015 年，我在重庆做招商的时候，除了给别的公司站台，当时还有一个规划，是给自己的平台招合伙人。有一次到会场的时候，现场是清一色的陌生面孔，而为了节约公司费用，我当时一个人过去，连助理都没有带。

虽然有点挑战，我还是用心准备，然后登台做了项目的招商路演。在那一场，我收了6位合伙人。

晚上请大家一起吃饭，加上会场的认识，算是第二次见面。大家边喝酒，边闲聊。感谢大家之余，我说："其实这一次上台，不知道结果会怎样，因为没想到现场竟然一个人都不认识，我特别想知道，你们为啥会选择跟我合作。"

他们就高兴地开始跟我分享，其中一位姐姐说："我没听懂你到底是做啥的，但是我看你讲话的口气和分享状态，就觉得这个姑娘不错，我要支持她。"我听完哈哈大笑。

另外一位大哥说："我看你在台上分享的知识和工具特别好，很前沿，觉得你是一个有能力而且学习力强的人，我觉得跟你做朋友，一定能学到很多东西。"

坐我旁边的一位大哥，一直没说话，最后终于拿起酒杯，总结式地发言说："其实，这就是气场。心彤，虽然是一个陌生的场合，面对一群陌生的人，但是你带给大家的感觉就是，你一点都不感到陌生，你在舞台上那种今天我一定要成交的气场深深地感染了我，你让我想到了我年轻时去陌生城市开拓市场时那种无畏无惧的状态，就跟你一样。你说的《商业计划书》，其实第一遍，没几个人听得懂，但是因为是你讲的，你感染了大家，我欣赏你这样的状态。"

气场强大，你到任何地方，都会所向披靡。

那么如何提升销售的气场，尤其是成交的气场呢？

首先，提升自己对生命的热情，提升自己对生活的热爱。人人都喜欢向温暖靠近，没有人喜欢靠近冰块。热爱生命，每天保持良好的生活状态，你会发现有更多的人愿意靠近你，愿意跟你做朋友。你会营造出一种温暖的氛围，这种氛围会情不自禁地感染更多人。在这种氛围的熏陶下，你会慢慢养成一种温暖的气场。

其次，热爱销售，提升专业度。无论销售什么，都尽可能深入地去熟悉你要营销的东西，无论是项目还是产品。在如今的市场环境里，光靠忽悠已经拿不到钱了，你能让市场信服和成交的最大理由就是，你确实能给市场真实的承诺，市场给你的回报就会物超所值。

再次，如果可能的话，学会被成交。一个害怕被成交的人，距离成交高手还有很长的一段路要走。想想看，你一天到晚想的都是如何去收别人的钱，却从来没想过自己掏钱去支持别人，久而久之，又有几个人会喜欢被你成交？

到今天为止，我的几万粉丝中，有将近一半是我在会场上吸引来的。因为我去的会场，我总是第一个刷卡支持主办方的人。

能量守恒，成交也是一样。当你学会付出的时候，你的收获会超乎你的想象。

不间断地提升气场，学会这一招，你也会是一名成交高手。

第六章

出奇制胜的核心方法

· · · · · ·

# 30 岁焦虑危机，如何突破阶层天花板

小时候，我们以为人生是一场百米冲刺，谁知到最后却发现人生是一场接力赛。

都说三十而立，然而很多人到了 30 岁，却还是没什么可以立的。那些安慰人的话，说到时候"车""房"都会有的，却还是什么都没有。有些人到了 30 岁，拼不过"富二代"，也拼不过年轻人。

工作了几年，技能越来越固化，薪资也一直在一个固定的数字限额上打转，生活质量徘徊不前，财务自由更是白日做梦，落后于时代、落后于社会的焦虑……

这些关于年龄的焦虑，那些无法突破自身的焦虑，吞噬了很多人。

很多人背负着害怕被社会抛弃的焦虑、养孩子的焦虑、买房的焦虑，渴望更好的生活，却不知道从何下手去突破自我，解决这些无形的天花板。

当我开始焦虑这个问题的时候，我还在香港公司担任集团商务总监助理。在别人眼里，这可能已经是一个不错的职位了。但我却仍然觉得不大开心，觉得自己获得的价值感不够，工作没动力，等等，整个人非常迷茫。这时，我想起了小时候做过的一件事。

我在学生时期曾将优劣势分析法用于自己与哥哥的对比，这部分内容前文有叙述。因为这个优劣势分析法，我初次尝到了一点点甜头。后来我才知道，原来当初我用的方法就是SWOT分析法。

后来，我也曾经用这个方法帮一位全职妈妈做了分析。要知道，在中国，女性因为生孩子的原因，在职场是很被动的。这位全职妈妈，原本是一个建筑设计师，但在很多HR眼里，她的职业生涯非常"糟糕"。毕业之后，她工作了两年就结婚，并很快怀孕。生下孩子后，为了更好地照顾孩子，她干脆把工作辞掉，专心在家带孩子，这一过又是两年。

随着孩子逐渐长大，她想重返职场，却悲哀地发现，自己的工作水平还停留在几年前。同样的工作经验，公司更愿意招收更年轻的求职者，于是她处处遭受挫折。不能重返职场，又不想做摊开双手问丈夫要钱的全职妈妈的她，苦恼不已。

这像不像很多职业妈妈的写照？

我就帮她做分析：她的工作技能优势已经没有了，但是她在照顾宝宝期间，培养了一个爱好——烘焙。目前，市面上搞烘焙的工作室很多，但能搞出差异化、特色化的却很少。拼烘焙专业度，她很难拼得过那些从相关专业毕业的人。但她的优势在于之前是建筑设计师，对建筑设计方面有很好的理解能力，可以做出一些有设计美感特色的蛋糕、曲奇等甜品。而且，在当全职妈妈的这些年里，她也结识了很多同类型的全职妈妈圈子，这类型圈子活跃度高、辐射广，而且普遍更愿意为了健康与个性化的消费埋单。

明确了正确的优势后，她迅速找到了努力的方向，开始在家里努力研发新产品，联系社交圈子，继续推出了好多以建筑美感为卖点的甜品。现在的她，已经不用自己亲自烘焙了，她已经打造出一个特色化烘焙工作室，由其他人忙碌着。

现在网上有很多关于SWOT分析的深奥理论，更多适合使用在企业运营上。关于自我成长的SWOT分析，在你开始行动之前，可以做得肤浅和简单一点。

我当时采用最简单的办法就是坐下来，静静地走进自己的内心，问清楚有哪些事情是能让自己兴奋的，哪些事情是自己觉得最轻松、最不费力气就可以完成的。这就是自己的优势，把自己的优势与时代的潮流结合起来，才有可能做到最好。

没有人是完美的，如果你想出人头地，就必须发掘自己的优势，然后无限地放大，再放大。SWOT分析工具是可以一辈子持续使用的。

只有最大限度地发挥自己的优势，才有与人媲美的可能。所有的天才都是将某一项天赋发挥到极致的人。

当然，对于优劣势分析，每个人都有不同。当我明白了，我"说"的能力是我比哥哥更有优势的点后，高考之后，便更加专注到了放大个人优势的方面去。当时我坚持报考了外国语大学，全身心投入到英语和语言文学上去，并把高中时代坚持的学习习惯延续到大学直至工作时期。

多年来，我的主持才能在我的职业生涯中为我带来了源源不断的收入和客户。因为懂英语，我了解了更多的外面世界，所以在看待问题时，有更广阔的眼界。

直到今天，我也一直在享受"英语和口才"优势带给我的红利。很难想象，如果我当时没有这么做，最后会走上一条怎样的路。也许我会一直生活在哥哥的光环之下，不被家族重视，一辈子就这样默默无闻地嫁了人，生个孩子，然后浑浑噩噩地过一辈子。最后，当容颜老去，或者看着老公出轨，或者默默成了孩子的奴隶，或者成了聒噪的三姑六婆……

优势要挖掘，要扩大，还得让人知道。当今时代早已不是"酒香不怕巷子深"的时候了。有好酒的同时，也要有搭配好的展示窗口进行销售。

如上文提到的那位全职妈妈，她发现了自己的优势所在，就把全部的热情投入到研发新产品上。但有了产品，还需要正确的窗口进行展示，才能有销量。于是，她运用了各种渠道，例如以前工作时的人脉宣传，还有当全职妈妈时积累的社交圈。同时，她也做了公众号，还找了相关社群进行推广。所以她才能让别人知道自己的优势，让产品快速打开销路。

到后来，合作伙伴找上门，她开始过上了一边带娃、一边工作获得成就感的优质生活。

那么我们一般人怎样发掘、展示自己的优势呢？譬如文笔好的，可以写写文章，开设公众号或者在其他平台写文案来推广，多转发到群里。平时可以多约有资源的朋友出来聊聊，分享一下你正在做的事情，交换对彼此有用的信息。也可以多参加一些行业性质的活动，多发朋友圈，强化自己在朋友心中的印象。如果有推广渠道的，也可以直接找相关社群进行宣传或者是精准地投放广告。

SWOT分析并不深奥，其实就是找到你热爱的事，然后让自己放松并且持续兴奋，如同韩剧《请回答1988》里面所说的那样，找到你的热情所在，就算做到通宵也会乐此不疲的那种热情。这是成功的第一核心标准。

所以，现在就坐下来，开始深入地挖掘自己的天赋和优势吧，这是突破自我、解决焦虑的第一步。当你主动探索、主动行动去扩大自己的优势时，你才懂得这多么有用。

　　当代人的焦虑源于空有蛮力无处使，当我们有了努力方向的时候，焦虑的阴霾就会开始减退，那些纷纷扰扰也不会再扰乱你的心智，因为你知道，你正走在正确的路上。

# 如何实现财务自由

每次提到财务自由，很多人的第一感觉就是，是不是需要账户上有很多的钱才可以？比如，我的账户上必须有几百万，我才敢说自己财务自由吧？事实不是这样的。

真正的财务自由是，你不必再因为钱而去被动出售自己的时间了。什么意思呢？我们现在有很多人不自由，对不对？比如，作为上班族，时间不自由，钱也不自由，每月工资一发，付完租金，还完信用卡，就立马月光了。

比如，全职妈妈一族，根本就没有赚钱渠道，每月就靠老公给一些钱过日子。如果有点什么大开销，那就必须跟老公开口，一次两次还行，时间长了，就真不好意思了。如此，除了时间不自由，钱不自由，连精神都不自由。这多么不痛快。

还有创业一族，因为创业的风险不可知，所以，每月能赚多少是未知的。那么每月除去办公室租金、员工薪水、固定成本等之后，剩下的钱也是未知的。因为业务前景未知，进账未知，所以财务也是不独立的。

上班族要为了工资被动出售自己的时间，全职太太要为了每月的开销被动出售自己的时间，创业一族要为了支付每月的开支被动出售自己的时间。

因为有钱方面的苦恼，所以财务就是不独立的。

那么如何实现财务独立？


## 做收支明细，管理自己的现金流

我们换一个思路。如果你每月的固定开销是 2 万，但是你有一个渠道，每月能得到 3 万的固定收益，那么你每月就有盈余 1 万，你不用担心你的开销，这 1 万都是妥妥的进账。从这个意义来说，你每月就不用为了支付固定开销的那 2 万再去做这做那了，你已经开始慢慢有财务结余了。

再比如，有一个在创业的老板，每月公司进账 80 万，但是公司每月固定开销需要 100 万，那么他每月还有 20 万的"窟窿"要补，那么他就是财务不自由的。

从上面的两个例子可以看出，财务自由的状况跟钱多钱少没有直接关系，它跟两件事有关系：一是你的固定支出，二是你的进账。

没有谁的财务自由是从一开始就顺利完成的。所以，大家现在要跟我一起做一件事，就是开始梳理每月的固定开销，哪些钱是必须花的，哪些钱是浮动的、可以控制的。

现在可以用来记账的 App 非常多，大家可以自己做一个收支明细。每月的固定开销明细包括房贷、车贷、租金、贷款月供、生活费、护肤品费用，以及其他每月需要支出的费用。每月的收入来源包括工资、投资收益、信用卡余额、外快收入等。

不过我不提倡大家省吃俭用，为了省下一点点钱，结果苦了自己和家庭，得不偿失。如果你现在需要每天通过记账去计算自己每天搭车花了多少钱，吃饭花了多少钱，买护肤品花了多少钱，只说明了一个问题，那就是你的进账太少。你当下最大的事情，不是在这些小事上精打细算，而是应该花更多的心思去开发更多的赚钱渠道。这才是当务之急。

比如，我当时做自己的支出明细的时候，每月的房贷 +车贷 + 其他贷款大概有 3 万的样子，我自己的吃穿加上洗护用品的费用每月大概需要 4000 元，所以每月的固定支出大致就是 34000 元左右。也就是说，我每月的进账要在35000 元以上才能确保没有生活压力。于是我花心思的重点就是，每月赚的钱如何超过 35000 元。

我每天都在琢磨这件事。几个月后，我就琢磨好了。之后不断行动，慢慢变得自由，变得洒脱。反过来说，人一旦自由和洒脱了，大钱也就来了。

## 开始投资时的注意事项

心思在哪儿，出路就在哪儿，发现了问题出在什么地方，就想办法去解决问题。只要用心，你就一定会有解决的办法。

在大家做好支出明细和统计之后，就是关于收入的规划了。在这里，我有几条非常重要的提醒给大家。

### ○ 永远不要投入全部

我们见过太多的人，辛辛苦苦攒了20万，结果看到一个项目，就"啪"一竿子全投进去了。然后，项目失败了，所有的钱都打了水漂。

全部投入不是做金融的思维，那是赌。自古十赌九输，你用赌的思维来做自己的财务规划，很显然是不合理的。

所以，在做投资的时候，不贪才是王道。要学会细水长流，不要在遇到一个诱惑的时候就陷进去，那样的后果很可能不堪设想。

## ○ 创造自己的现金流

无论你做多大金额的投资，一定要花一点心思去熟悉一下钱放到了什么地方，你的收益是怎样的，你如何赚到钱。

相信我，可能在第一次、第二次的时候，你完全不明白赚钱是怎么回事，但是只要花心思，钻研一到两次之后，你一定会慢慢上路的。赚钱这件事情，你不花心思，怎么会有源源不断的进账呢？

## ○ 跟专业的人一起做赚钱的事

我身边有很多姐姐，她们过去其实手里是有一些钱的，但是因为凑热闹，跟其他的姐姐一起做项目，而其他的几个姐姐又是胡乱掺和其他姐姐的，这其中没有一个人是专业的。这样导致的直接结果就是，她们做的项目完全是盲目的，最后项目死掉了，她们还不明白是怎么回事。

这完全是对投资的不负责任。每个人赚钱都不容易，你辛辛苦苦攒这么一点钱，就这样一下子全没了，多不划算。

所以，赚钱的事一定要跟有专业经验的人一起做，多花一些时间跟他们在一起，慢慢让自己也熟悉赚钱的门道。

财务自由关乎后半辈子的事，花这么一点时间去摸索，去琢磨，是磨刀不误砍柴工的行为，是十分必要的。

## 行动明细

做好自己的支出明细和统计后，再梳理一下自己这几年所做的投资，看一看自己的赢利情况，看一看自己的投资风格，然后统计一下自己当下的投资情况，有多少资金是可以收回来的，有多少资金是可以继续投资的。然后梳理一下当下，有哪些项目是符合我分析的情况的，就可以开始少量参与。记得，是少量参与，你需要找到专业一点的人一起合作，并且你需要花一些时间跟他们在一起。只有把这种赚钱的氛围搞好了，才有进步和不断进账的可能。

在这里，我来为大家梳理三个板块。

1.每月的开销是多少，需要每月赚多少钱，才能支撑这个开销并且略有结余。

2.梳理一下自己有多少钱投出去了还没有回来，赢利情况怎么样。如果没有收回来，是否现在可以止损，撤出。再梳理一下自己账上还有多少结余是可以用来投资的。永远不能让自己的储蓄账户余额是 0，那样就太冒险了！信用卡不能算做你的资产，信用卡套来套去，只会让自己负债更多，我从来没见过谁是靠信用卡发家的。往往信用卡玩得好的人，欠银行的钱越多。

3. 自己身边有谁是在投资这方面比较靠谱和专业的，跟他聊一聊。记住，要有一点耐心，去咨询他当下有什么好的项目可以参与；如果参与，收益是怎样的。咨询清楚之后，再以最小的额度参与，并且每天抽出一些时间跟他请教和交流，慢慢上路。

待本金慢慢回来，自己也开始慢慢熟悉投资之道的时候，再考虑加大资金投入。保住本金是投资的核心要求，别为了一点利润，把本金搞没了，从而得不偿失。

多跟身边比自己有钱的朋友在一起，有钱人的氛围就是跟生意和钱挂钩，你待在这样的氛围里，一天到晚被熏陶，日积月累，天长日久，你也会慢慢变得比现在更有钱。

## 除了动态的投资，你还可以有哪些收入渠道

现在互联网真是太发达了，通过各种各样的渠道，都能为自己带来不错的收入。比如，出版一本书，通常你能拿到 8% 左右的版税，并且随着图书的销售，每年都有钱拿，所以如果你文笔不错，可以尝试。

比如，一些线上理财平台，每年大约有 18% 的利润，

你可以少量参与。有一些银行的基金也不错，让你的利润赶上通货膨胀，甚至还略有结余。当然，固定存款也是可以考虑的，虽然利息少，但是能让你控制开销，给自己存下一些钱。

最后，稍微分享一下金融人的特质：金融人都知道风险在哪里，并且提前做好了控制风险的准备。所以，可以给自己做一个风险预估，并且给自己买一份保险。买保险十分重要，这笔钱不能省。如果你每个月还能花一些时间和金钱在读书上，恭喜你，你会越来越进步。如果你是创业一族，能给自己的品牌花几千块注册一个商标获得知识产权，那就不要吝啬。其他可以省的地方，就给自己省一省吧。

记住：财务自由是人人都可以完成的。你也不例外。你需要从一开始就相信这件事，然后持续不断地去行动。只要你开始行动了，你就会慢慢享受这个过程。因为赚钱的过程，真的太有趣了！

# 如何积累人脉

多一个朋友多一条路。这是中国的一句古话，它说明了人脉的重要性。

事实也确实是这样，我们无论做什么，人脉广了，事情成功的概率就大很多。提到人脉，大概每个人都希望自己拥有良好的人脉。有啥事，一句话、一个电话就能搞定。而社会上也有很多教大家如何做资源整合、如何建立自己的人脉关系的课程和图书。

在我看来，对于如何建立自己雄厚的人脉圈，最简单直接的办法就是——自己实力雄厚。

究竟是自己先有实力了才有强大的人脉关系，还是先有了强大的人脉关系才会变得更有实力，这就像先有鸡还是先有蛋这个话题一样。我认为它们是相辅相成、互相促进的。

## 努力提升自己的价值

名片不重要，重要的是你的价值。

所以，我们在前面的章节里跟大家分享了SWOT分析的重要性，并且教大家要学会用一个窗口去向世界展示自己。

这就是提升自我价值的方法之一。持续不断地去做，自我价值就会逐步提高，大批良好的人脉就会向自己靠拢。

就像在电视剧《我的前半生》里贺涵指导新进职场的罗子君一样，身在职场，最重要的是业绩。在自己的业绩没有起色之前，不要花太多的心思去跟人打关系；当你的业绩足够吸引人的时候，一定有大批的关系主动接近你。

这也说明了很重要的一点，那就是当你的能力还不够的时候，即便主动去寻找人脉关系，也未必有用，因为别人未必看得上你。

不过，提升自我价值是一个长期的过程，需要循序渐进地去做。人脉的累积也是一样。

## 学会在日常生活里累积人脉

要积累自己的人脉，平时要多观察，话不要多。这是一种聪明。

无论你平时身处何处，学会多观察。多观察的好处就是，一方面不容易太早暴露自己，另一方面能够间接跟对方学习。一个人经验的获得，有直接获得的，也有间接学习的，多观察可以让自己更容易进步。

少说话的好处是，更容易让自己成为一个有内涵的人。祸从口出，有太多的人就是因为管不住嘴巴而让自己吃了亏。把一些该说的不该说的通通都说了，让对方一眼看到你的底线和水平，这不是一件好事。

少说话还有另外一个原因，多半有实力的人或者社会资源好的人都不喜欢话太多的人。在一个场合里，你明明不是主角，可是你话多，一直说个不停，很容易让人讨厌你。处处不招人喜欢，你怎么搞好圈子？

## 学会经营自己的朋友圈

朋友圈的发布其实是有讲究的，很多人一天到晚刷朋友圈。要么是刷屏做微商卖货，要么是晒孩子，晒美图，让朋友圈看起来像是一锅火锅，一点档次都没有。

经营好的朋友圈有一个很重要的原因，那就是有很多有实力的人在结识我们之前会翻看我们的朋友圈。其实我们自己在跟人聊天之前，也会查看对方的朋友圈，看对方的喜好、品位还有社会地位。

还有一些人，一天到晚群发，发心灵鸡汤，发一些不痛不痒的东西。这些都是很容易被拉黑的行为。你发的东西没讲究，没梳理，没品质，自然不被人重视。

如果可能的话，在朋友圈发东西要有一个主题，甚至还可以在互联网上给自己打造一个有主题的地方，比如微博、豆瓣、知乎都行。这会让你更容易吸引人。

## 如何与牛人打交道

我们通常会把自己朋友圈里的人分为三类：第一类是比自己厉害的人，就是无论财富、阅历还是社会地位，都比自己更高一筹甚至几筹的人；第二类是跟自己相当，有梦想、有野心、渴望更高的社会财富地位和价值的人；第三类是不如自己的人。很显然，这里的牛人是第一类。

跟牛人打交道，需要我们为人谦虚、诚恳、有耐心。这里有一个小窍门，一般来说，比较厉害的人都有属于自己的一个窗口，无论是微博还是微信公众号。如果你认为哪个牛人对你有影响或者将来会对你有影响，你就要多与他互动，无论是在他的微博下面还是微信公众号的留言区，都可以。

互动，不要没理由、没准备地瞎互动，互动要显示出你对他的尊敬、欣赏还有对他的关注。他发的帖子、他分享的文章，你都要用心去读，去思考，去想哪些地方是确实震撼到你的，然后用心去留言、互动。

一般来说，只要你真的用心，而且持续互动，这个牛人通常都会记住你，然后你就能很容易拿到他的私人微信号或者电话。有了私人微信号或者电话，线下约见就顺理成章了。

现在很多活跃度比较高的人都有组织一些社群，而这些社群里也会邀请到一些比较厉害的人，通过加入社群，以及与社群的互动，也是可以获得与牛人近距离接触的机会的。

如果你已经找准了自己要走的方向或者行业，那么你就更容易利用互联网获得你要的方向或者行业里比较牛的人的联系方式。参与行业论坛、地方微信群等活动要多用心互动，多露面，你的牛人圈就会越积越大。

在这里，我有一点要强调，要想与人建立真正的信任感，还是需要线下接触的。在线上无论互动到什么程度，要谈深入合作多多少少都有一些牵强。所以，如果可能的话，约到线下见面会是一件更有价值的事。虽然产生一些吃饭或喝茶的费用，但是与自己欣赏的牛人可以建立深入的交情，也是不错的。

现在流行一款 App 叫在行，上面就有各个行业知名人士，你花几百块钱就能约到他们。而线下的见面，就是比拼实力的时候了，有些人因为场面见得不够多、行业累积不够深、口才不好、形象不佳等种种原因，可能线下见面的两个小时产生的价值就不会有那么大。

我的建议就是，要学会与人合作，包括平时人脉的积累和线下的互动也是一样，要学会欣赏，学会跟自己身边的人发挥各自优势，合作共赢。

比如我就是一个特别喜欢一对多的人，那么一对一地跟客户沟通，就不是我喜欢的，但是我需要每天跟不同的客户打交道，怎么办？对，跟人合作。我现在的合作伙伴 L 先生，是一位非常善于跟人泡茶谈生意的人，他一天可以接待 8 批客户，还乐在其中。重要的是，每一批客户他都能谈得很好。我只需要跟他谈好合作、分成事项，然后把客户从线上引流到线下就好。而有大型活动，就是我上台的时候了。

这样的合作，让我们彼此发挥优势，从而达到最佳效果。

大家也是一样，如果自己某方面能力不够强，就要学会跟这方面能力强的人合作。比如，你的粉丝很多，但是你不会商业变现，那么你就要学会跟善于商业变现的人合作共赢；比如，你跟人吃饭喝茶谈生意的口才不好，那么你就要学会跟这方面口才好的人合作。

这个世界从来没有谁是单靠自己一个人的力量就能发家致富或者大富大贵的，与人合作，从来都是一件极其重要的事。

跟牛人的线下见面也是一样，如果你花了钱，但是自己却不能够很好地利用这见面的两个小时，那么牛人就不会对你有深刻的印象，你们的见面也许意义就不大。这个时候，你还不学会跟人合作，那就是你的损失了。

## 管理好自己的情绪

我见过很多人，花了很大的心思去做一件事，去与人合作，但是在关键时候，因为一些突发情况或者一些压力控制不住自己的情绪，大发脾气，导致所有的努力都白搭。

一定要学会控制情绪，因为没有人有义务为你的坏情绪埋单。你心情不好或压力大？不好意思，别人也一样，你需要自己去处理好这些。尤其在生意场上，没有谁没有压力，你冲这个那个发火，只会让对方觉得你是一个不成熟的人。一个人不成熟，是不会有人愿意跟你合作的。

我的读者中女性朋友比较多，我为什么一定要提这一点？就是因为女孩子在这方面一般都处理得不好。大概每个人在家都是被老公、被父母宠爱的对象，于是有公主脾气，或者因为自己在公司有一些权威，于是就习惯对人发号施令。但是在生意场上，不好意思，大家彼此合作，是平等的，你不可以有公主脾气或者对人颐指气使。

养成这种习惯最好的一种方式就是，己所不欲，勿施于人。就是如果你自己不喜欢别人对你指指点点，情绪不稳定，那么就不要让自己沾上这样的毛病。

# 多维度竞争，让自己立于不败之地

在生活里，我们经常听到有人因为跟人攀比却比不过，从而让自己产生巨大的失落感。失落的人都犯了一个致命的错误，那就是喜欢跟别人硬碰硬，总拿自己的短处去跟别人的长处比，不输才怪。

在这里，我跟大家分享的核心秘诀就是：学会多维竞争，学会从另一个维度去战胜对方。

多维是什么意思？就是多个维度、多个不同的方面的意思。举个很简单的例子，你身边有人赚钱比你多，那么你要学会从另一个角度去跟他比，比如比家庭幸福。也就是说，他比你钱多，但是你的老公更爱你，你们家更幸福。

比如，有女孩子比你长得漂亮，而且身材高挑，气质好，那么你就不能去跟她比身高，比长相。你要比什么呢？比你更善于跟别人打交道，更讨人喜欢。

比如，我跟大家分享过，我哥哥更聪明，更善于考试，更善于拉近邻里关系，更善于写作，那我就不能跟我哥哥比谁更讨亲戚喜欢。我比什么呢？我跟他比口才，比赚钱速度，而且我还比他年轻，比他更有钱。

学会从另一个维度去战胜对方，很容易让自己找到自信，而且更容易成功。

那么具体如何打造属于自己的多维竞争，并且从另一个维度去战胜对方呢？

## 先在某个维度拥有一定的实力和空间

多维度竞争的前提是，你已经一个维度很牛。在某一个方面，你已经有了一定的实力和发展空间。

如果你没有任何一个维度很厉害，而且搞了很多其他的维度，那就成了中国人常说的——半桶水。这不是一件好事。

我有一位曾在华为工作的好朋友，他41岁出来创业并且一举成功。他为什么能辞职创业成功，我们一起来分析一下：

1. 他已经在华为有了10年的运营和管理经验。他所在的部门是营销部门，他掌握了很好的营销经验，他熟知如何打磨产品、如何推广、如何开拓市场。

2.他在华为每年都至少有一次到海外进修的机会，他的视野足够开阔。他了解国际市场行情，并且总是能够用全局思维去考虑问题。

3.在华为这样的大公司，他熟知如何管理团队，懂得了与人相处之道。在华为这样人才济济的公司里，他学会了低调、谦逊、诚恳，得到了很多团队成员和部门领导的青睐。

这为他之后的创业奠定了非常好的基础，甚至他的第一笔天使投资都是靠在华为积累的人脉得来的。

很难想象，如果没有这10年的工作基础，他的创业会是怎样一番景象？大概也跟大多数中年下海的人一样没钱、没圈子，到最后也没了激情。

而现在非常火的"罗辑思维"创始人罗振宇也是一样，40多岁出来创业，只为了满足人生的一个梦想：把那些没读完的书都读完了。而在他项目进账的过程里，起最大作用的依然是在之前的几十年里培养的良好人脉和资本圈子。于是项目一确定，他一声吆喝，很多业内顶尖人士都来了。

这就是培养第一核心维度的必要性。没有这个作为基础，其他维度的培养都会很吃力。

对此，我跟我之前的几个助理都强调了一点，那就是，培养核心竞争力。因为如果你不能在某一方面特别厉害，那么随时都可能被换掉，因为人人都可以来做你的工作，都可以替代你的职位。而随时都可被换掉的人和物多数价值都没有那么高。

我们身边也有这样的人，在公司上班的时候，因为一些特殊的原因，比如跟某领导关系好，比如会讨某领导欢心，在公司混得风生水起。可是，之后发生了一些事情，他被迫离开了公司，于是慢慢地他的生活开始走下坡路。在这期间，他处理不好跟朋友的关系，处理不好跟合作对象的关系，而他又没有其他谋生的技能，几年之后，他好像完全变了一个人似的，而且过得十分不如意。

我们身边还有这样的女性朋友，在跟老公结婚之后，就只会在家带孩子，其他什么都不会，有一天老公出轨了，然后两人离婚了，她一下子变得什么事情都没得做了。年纪也一下子到了35岁或40岁，再找工作也什么都做不了，于是这一辈子都好像没什么奔头了。

这都是没有给自己培养核心竞争力导致的。在合适的时候，没有把握机会打造自己的核心竞争力，也就是核心维度，那么放到其他地方去也一样是没有竞争力的。

## 开发第二维度甚至多维度的必要性

培养了自己的核心维度之后，就需要花时间去开发第二维度甚至多维度了。比如有非常厉害的运动员，甚至拿了世界冠军，但是退役之后，却过得不尽如人意。为什么？因为他除了打比赛，其他什么都不会，所以离开赛场后，他就没有什么竞争力。这就是不培养自己多维竞争力导致的。

还有另外一些人，他们离开任何岗位都能活得好好的；离开任何一个男人，她们都能活得很精彩；无论身处何处，他们都能让自己过得很快乐。

我在深圳有一个姐妹，31 岁了才发现自己的人生好像过得不开心，于是从财务公司辞职，在深圳的海边开了一家帆船培训中心，每年夏天和秋天在中国教学，冬天和春天在菲律宾教学。因为熟知财务知识，她开了很多家分店；因为热爱帆船，第二事业发展得风生水起。两年后，在她 33 岁时，嫁给了一位志同道合、高大帅气的美国帅哥，日子过得十分滋润。

你以为她创业是心血来潮吗？不是，其实她在工作期间就已经培养了自己的另一个维度。她在工作期间，平时的周末都会带着帆船到深圳的海里去玩，跟一群朋友去海上找乐趣。

无论你今天是在做什么，都需要培养起自己的另一个维度来。简单来说，就是再培养一个爱好，为自己的下一步做好准备。

我自始至终都是一个口才很好的人，我觉得说话真是一件十分美好的事，我能帮助很多人，激起他们对生活的热情，激励他们去赚更多的钱。但是我在长期发挥口才之余，还开始了写作，我记录下自己的成长历程，我想让自己老了以后，还可以给子孙们留一点东西。于是，每天无论多忙，我都会静下心来写一些东西。

然后我发现，我的粉丝更多了，他们更喜欢我了，我也更爱这个过程了，生活更加美好了。而且通过写作，我有了版税等更多的被动式收入。

我有一个姐妹，她在深圳一家电子公司上班，工资才5000多，因为长相、身高、背景等各个方面都不突出，所以在上班之余，就参加了一个英语口语俱乐部，因为只要敢说、想说，就可以加入这个俱乐部。她每周三下班都会去这个俱乐部，整整坚持了3年。

现在她除了上班，还做起了英语兼职老师，英语口语相当流利，因为英语水平的突出，她变得更加自信，更加绽放。所以，现在除了收入翻了一番之外，她还更加漂亮，更加自信了。她的下一步是辞职，创业，专门教孩子们英语口语。

我的另一个姐妹，是广东姑娘，一点都不擅长讲话，进了一家金融公司，收入不错，去年就在深圳自己买了房子。因为平时她不擅长跟人说话，所以在深圳也没什么朋友。她觉得生活挺无聊的，于是周末就在豆瓣网上参与了插花课程的学习，因为她发现，插花不需要跟人聊天，所以自己压力就没那么大。

一年以后，她开始每周自己举办一次插花沙龙，每个参加的人每次交180元，每月4次课，收入居然比自己上班赚得都多。重要的是，她开始变得更加开心，更加善于跟人交流了，也慢慢有了自己的朋友圈子。

你看，培养自己的第二爱好，往往给自己带来的是更多的生活乐趣，甚至还有更多的竞争机会。

所以，如果现在你是一个全职妈妈，就可以在自己的休闲时间里培养一点自己的爱好了。我妈妈今年56岁了，还在坚持上班，她说上班快乐。她白天上班，晚上去跳舞，现在广场舞跳得比谁都好，身材也比同龄人好许多。这让我爸跟她的感情比年轻时候还好。因为妈妈擅长跳舞，平时市里有什么活动都会邀请她们过去表演节目。于是，很多周末的时间又被完美利用，而且还多了另一份收入和竞争力。

如果你是一个上班族，就要学会在下班做一点事情。我一个北京的姐妹，每天下班花两个小时学习计算机编程，不会的地方就跟男朋友学。学了3年之后，她现在是一个非常知名的公众号作者，粉丝有好几万，天天更新文章，跟大家分享如何在工作之余开创自己的第二职业。她的公众号每个月光收广告费收入就能达到5万多。以后无论自媒体如何发展，她的这个竞争力都是不容置疑的。

如果你是一个创业族，更要学会在创业的压力之下培养一点爱好。我在创业之余学的是什么？因为我特别爱美，喜欢每天上班都有不一样的着装，所以就专门在忙碌之余，学习服装搭配、色彩搭配，现在我这方面的专业程度比国内的很多专业老师都厉害，而且我成了好多家礼仪培训机构的特聘老师，专门跟大家分享服装搭配和形象管理。除了自己美，还能让更多人美，这太有乐趣了，这也让我的创业生活变得没那么枯燥。

多维竞争的收获也往往是多个方面的。现在的豆瓣、QQ等平台都有活动发布，你只要多看一看，就能参加一些活动，开始寻找自己的另一个爱好。只要你能坚持，还能把SWOT分析用上，就会在快乐之余，通过第二爱好赚钱，假以时日，收入也是不菲呢。

那么想象一下，如果以后有同龄人跟你比收入情况，你就可以大胆地告诉他，你的收入是他的收入的两倍了呢。而且，如果哪一天你不高兴上班了，辞职就可以开始自己的第二职业了。

## 多维度发展之后，你将得到什么

当你有了多方面的竞争力之后，生命厚度就增加了，你跟人聊天的话题就会多起来，你身边的朋友圈子也会逐步扩大。

多维度发展必然引导你去发掘另一个维度及多个维度、另一个空间及多个空间。这个过程就会锻炼你的脾性、习性，如果深入挖掘，你会慢慢让自己变得更加有趣。而一个有趣的人，到哪里都是受欢迎的。一旦你走到哪里都受欢迎，还担心自己的人生不精彩或者财富不够多吗？

所以，打造自己的多维空间，让自己往有趣的方向发展吧。

# 如何让更多人信任自己

对于销售这个话题，真是有人欢喜有人忧，喜欢销售并且想要提升销售技能的人是十分兴奋的，因为又有了特别擅长销售的人教他如何做好销售；而那些不认可销售，并且不认为自己具有销售能力的人，就显得有些消极，甚至有些怀疑了：我真的可以做好销售吗？哎呀！如果我做销售，被人拒绝怎么办？我还是不要做销售了吧。

这就是我今天分享的第一个前提：想要做好销售，你一定要相信销售，相信销售可以为你带来好处。如果不具备这个前提，那么你想拥有顶级的销售能力，几乎是不可能的。

所谓吸引力法则，就是因为你相信某件事，于是上天都会帮助你完成这件事。你只有相信自己能够成为顶级的销售高手，才有实现目标的可能。

关于"相信"，很多业内人士常用的一个词叫作——

笃信，就是 120% 的相信。

提升销售技能，包括硬实力和软实力。硬实力包括你的背景、地位、人脉、资金实力、产品实力，软实力包括你的专业功底、形象力、气场还有交情。

销售核心要解决的一个问题是信任问题，一旦这个问题解决了，合作与成交就显得很容易。提升信任感，从而提高销售力。

## 要具备良好的专业功底

如果你是做产品的，那么对产品的背景描述、品牌故事、产品功效、后续服务都要十分清楚熟练。如果你一问三不知，很显然，客户对你的信任度就会大打折扣，那还何谈成交？

对于专业功底的提高，没有别的窍门，就是花时间、花工夫熟悉产品，熟能生巧，记忆多了，练习多了，定然可以把专业技能提升起来。

## 提升形象力

我在前文有提到过这个问题。在这里，我从另一个角度再谈一下——可见其重要性。几乎所有的销售人员都会告诉你，形象价值百万。是的，英国有人做了一个实验，把两个孩子放在街上乞讨，一个衣衫褴褛，邋遢不堪，一个干净整齐，清清爽爽。

观察发现，脏兮兮的小孩站在街上，路人都避之唯恐不及，更别提给钱了；而在干净整齐的那个孩子身边，总是会有路人停下来，关心他，并且给他钱。你看，形象好，连乞讨都更有优势。

不过这里我说的是形象力，更超越形象的外在含义。形象力要求你的着装、妆容、发型、谈吐都符合身份和场合。

打扮得过于妖娆，不利于销售的完成，因为你会把客户的关注点吸引到对你的兴趣上，而不是对你提供的合作机会上。

打扮合体，但是张口说话不注意场合，不注意用词，甚至说话声音不好听，都会影响客户的信任感，从而影响后续的成交。

客户一般分为三种类型：视觉型、听觉型和感觉型。

视觉型的人第一眼会关注你的着装、发型、妆容。如果打扮得体，你被信任的第一步就很容易完成。

听觉型的人很在意你说话的音调、音量、用词和韵律。他喜欢你娓娓道来，喜欢你谈合作时为他营造的那种舒服的感觉。声音不刺耳，速度不快，音量合理，用词讲究，并且整个谈判下来，都是不慌不忙，从容淡定的感觉。如果你能做到这些，那么这种类型的客户就比较容易被你成交。

感觉型的人算是综合型的人，他会对你综合考量，又要你形象得体、打扮得体、还要你说话得体、声音得体，同时还要求你专业，能把控得住他。也就是综合起来，你能给他带来好的感觉。

感觉这个东西很抽象，但是只要你把握好了，一样容易成交这种类型客户。

## 打造你的专属名片

我见过很多想通过微信来成交的人，他们加你为好友之后的第一分钟，就给你发一大通销售资料，让你真是后悔怎么刚才就接受了他的添加好友请求呢，恨不得立马拉黑他。

这是不懂打造个人名片的人的常见性问题。

微信算是现在销售中很重要也很直观的一个工具了，

接触新客户，维护老客户，方便又简单。现在我拿微信作为案例，来教会你如何打造专属于自己的名片。

○ 微信名称、头像和签名

这是打造微信形象的基本三部曲。你要打造的是个人名片，那么微信名字就不要用"轻舞飞扬""阳光女孩"了，直接用真实姓名或真实姓名＋公司名最直接有效；头像最好用个人真实照片；签名最好就是你所从事职业的介绍，用一句话介绍清楚你是干什么的。

这三部曲是与客户产生连接的第一步，非常重要。我之前拒绝过一个客户的合作邀请，就是因为他的微信名称是"财富管理导师"，头像图片是一朵花，没有签名。

你要做销售，但是你连最真实的信息都不敢放上去，那么客户也必然是不敢跟你合作的。

也许会有人说，你看人家"剽悍一只猫"就是用猫的图片做头像，你看谁谁谁，怎样怎样。我们做销售，要的是大概率事件，不能用个别小概率案例来跟我说谁谁谁没有使用真实信息一样怎样，因为这不具备核心探讨价值。

○ 朋友圈的经营

我们通过朋友圈分析客户，通常把客户分为三类：

第一类，是朋友圈比较少发个人照片，但是会发猫、狗等这些动物的信息的人。他们也会偶尔发一下会所开业、股票上市、经济形势等内容的链接。这类人非富即贵，他们不需要靠朋友圈吸引客户，他们本身的资质和人脉圈已经很棒，事业也经营得不错。

跟这类人合作，只要你够专业，提供的机会或者产品好，就比较容易成交。

我自己做销售，有差不多 40% 的业绩来自这类人。

第二类，是有规划地发朋友圈的人。他们有时候发个人照片，有时候发团队信息，有时候发项目信息，有时候发励志信息。这类人的朋友圈有一个特点，就是具有正能量，你看他们的朋友圈，是一种享受。

这类人就是我们这类人，会销售，对生活充满梦想和野心，对未来积极看好。

但是这类人有别于微商，微商天天刷屏，发大量的虚假信息，已经被大量客户排斥了。第二类人的朋友圈每天的发布不会超过 6 条，一般以 3 条为宜，既不刷屏，也让人可以愉悦地在朋友圈看到他的动态。这是最佳的。

第三类，是经常晒包、晒车、晒娃的人，喜欢没事干了就在朋友圈里无病呻吟求关注的人。这类人目前被我删除的概率极高，一方面是这类人对生活缺乏追求，也没什么实力，他们给你提供不了什么价值；另一方面是这些人不够付出，他们的索取心理很重，他们经常给你群发信息，让你给他们这个点赞那个点赞，还一点感恩的心都没有。我的朋友圈比较不喜欢这类人的存在。

通过分析朋友圈的这三类人，你就明白了应该如何经营你的朋友圈了。朋友圈的发布要适度，内容最好是原创。经营朋友圈的核心目的就是让人对你产生信任感，发布的东西越真实越会减少销售成本。

我的朋友圈经常会发我的原创文章、喜马拉雅 App 音频和个人照片，所以现在无论走到哪里，客户都会说对我很熟悉，好像在哪儿见过。我们细致分析之后发现，原来他是在我的朋友圈"见"过我。

我自己做生意这么多年，有非常多的合作客户到现在为止都没有在现实生活中见过我，但是我们合作的频率非常高，合作的金额也在 6 位数。这就是源于经营朋友圈的魅力和价值。

经营好朋友圈还有另外一个好处，就是很容易产生转介绍，因为一个人对你信任，于是他身边的很多人都对你产生信任，你的销售就变得源源不断了。

所以，从现在开始，一定要好好经营你的朋友圈。他就是你的一张名片，一个让陌生客户了解你、认识你、信任你的窗口，也是老客户关注你、欣赏你、支持你的地方。

其他地方，比如豆瓣、知乎、微博等都可以采取同样的方式，把这些互联网工具好好加以利用，这样你的个人名片也就打出来了。


## 学会与人共赢，学会为别人埋单


你平时销售都是要收别人的钱，你也要学会去为别人的销售埋单。埋单刷卡本身就是一种实力的体现，刷的是卡，得到的是话语权。尤其是在公众场合，很多人总想刷别人的卡，收别人的钱，轮到别人要刷自己的卡、收自己的钱的时候，就把钱包捂得比谁都紧。这不地道，而且这很容易让你之后的销售做不下去。

送礼都讲究礼尚往来，何况是合作？

我们做招商会议经常会遇到这样的人，等到项目要发布、现场要收款的时候，他就假装去洗手间，或者假装要接电话，推门出场了。

高手捧场，小人破场，顶级高手造场。哪怕你不能刷卡，没办法捧场，也不要破场。

而我自己，因为我不喜欢这样的情况发生，所以，我到的场合基本都是积极配合主办方，很多时候都是第一个站起来刷卡。一方面是因为我既然到这个场合，心里一定是认可这个场合的，那么我来了就会支持；另一方面是因为刷卡可以买到话语权。通常，只要我第一个刷卡，就有机会站上台做分享，于是全场的人都会认识我，并且希望跟我深入接触。

如果主办方的项目确实好，我还会积极站在台上帮忙做成交。这让主办方感动，也让台下的很多其他老板感动。于是会议结束，都会过来找我，表示接下来与我合作。

因为特别会捧场，积极为别人刷卡，这个习惯为我带来了非常多的优质客户和非常多的粉丝，后续成交率也非常高。而我自己做招商会，也得到了大量客户的积极支持，于是招商会的成交额就很棒。

世界就是这样，你愿意为别人付出，别人就愿意为你付出。这是一种气场的营造。如果在你营造的气场里，你只想收别人的钱，那么别人就不会想跟你合作。


## 持续去做有价值的事，打造自己的销售团队

你想做好销售，那么你所销售的产品或者项目就不能一天一换，因为这很容易让人觉得你是个骗子，不靠谱，会大大影响你的销售成果。

这就要求你要对所销售的产品或者项目负责，要花时间去分析，这个项目或产品是不是真的好，是不是真的能够给人带来价值。如果你自己都没有搞懂，就天天发给别

人，让别人去埋单，这不是专业销售人员的所作所为。

有一个专业术语叫"爱惜你的羽毛"，说的就是这个意思。你不分青红皂白，今天卖这个明天卖那个，羽毛就会被破坏，客户对你的信任感就会打折。

销售人员需要一种氛围，一种销售的氛围，所以，如果有一群志同道合的人一起做事，一定事半功倍。我一直都主张大家与人合作，团队合作才能创造一个又一个奇迹。

培养团队一起做事，还有一个很大的利好，就是当你拥有属于自己的营销团队时，在跟人谈项目合作的时候，你就拥有了自己的筹码。人一旦筹码高了，身价就会水涨船高。

这个团队里面不一定人人都是销售高手，但必须人人都是热爱销售的，都明白销售的意义和好处。大家的合作，只要分成合理就好。圈子共同维护，这让每个人的工作都轻松。


## 注意人际交往的灰色地带

我一贯主张君子之交淡如水，与人的距离不要太远也不要太近。保持一个合适的距离，有利于彼此之间保有完美印象，更利于销售的持续长久。

没有人喜欢被人过于了解，而且每个人都有做老大的梦想，一旦太了解，之后遇到任何诱惑或者其他相关问题的时候，太近的距离就会产为风险发生的理由。

这样的例子比比皆是。生活里，那些对你越了解的人，越会插手你的生活。这对你没什么好处。销售也是一样，销售的氛围需要一种美好的感觉，彼此有一些合适的距离会更好。

有一些灰色地带就不要去碰了。比如，好朋友夫妻关系不好，你因为太熟悉他们而对他们之间的事情插手，劝和吧，下次吵了，还得找你；劝离吧，如果人家两口子和好了，你就是仇人。比如，合作伙伴要做一些什么事情，缺一些资金，你因为太熟悉他了，所以不得不借，可是借了，又不知道对方能不能还，还的话给不给利息；不借吧，连朋友都没得做。

既然要建立信任感，就要有合适的距离来保持这种信任感。不要因为一些不必要的灰色地带而失去了曾经苦苦建立起来的信任。

上文给大家分享了提升信任感的几种方法，希望大家好把握。把这些提升信任感的方法贯穿到生活和工作的方方面面，这样你的销售成绩就会越来越好，你的圈子也会越来越好。

# 如何快速做出正确的决策

　　小丽最近很苦恼，生活过得十分压抑，相恋多年的男友最近被她发现这几年其实外面一直有别的女人。与男友合作的事业进展不明朗，可是男友却在关键环节死死地掐住了她。

　　小丽是一位离异母亲，现在是一家知名企业的高管，年薪 50 多万。儿子上中学，住校，除了周末送去学校，周五再接回来，其他时候不给她添麻烦。

　　6 年前，她发现前夫有了外遇，于是一气之下离了婚，自己要了儿子和房子，其他都给了前夫。后来因为工作忙，加上心里一直对感情有一种恐惧感，离婚后的两年多时间里，小丽都没有再选择恋爱，直到第 3 年，在公司的一次行业峰会上，小丽遇上了老吴。

　　他们有很多话题可以聊，小丽说这种感觉让她很放松。小丽没有再封闭自己，而是选择了接受这份迟来的爱情。小丽以为这是上天给她的最好安排，于是死心塌地地支持对方的事业，并且自己出钱投资，两人合伙开了公司。理论上是小丽出钱，老吴出力的意思。小丽以为这样的方式很好，自己终于有了人生的归宿，还有了不错的第二事业。

就在小丽开始打算要不要从公司辞职，全力来跟男朋友一起创业时，老吴看出了小丽的心思，于是对小丽更加呵护备至，并且希望小丽给他生一个孩子。小丽特别感动，在她心里，如果一个男人让你给他生一个孩子，那一定是真爱啊。小丽在跟我聊这件事时，掩饰不住地兴奋。我特别为她高兴。但是就在她最开心的时候，她撞上了让她大跌眼镜的事情，老吴的办公室里有一位已经跟了老吴多年的助理，小丽看他们工作的情形，发现这个女人绝不仅仅是助理那么简单。于是，在一次精心的策划之后，小丽发现了二人的秘密，这个助理其实一直跟老吴过的是夫妻生活。

小丽特别痛苦，她多么想自己不知道这些事情，然后傻傻地去爱；她又特别恨，恨这个人在跟自己好的同时，又跟别的女人好；小丽还有点庆幸，庆幸自己发现得早，没有辞职，没有受到太大的经济损失。

小丽虽然很痛苦，可是她是一个要强的人，她四处参加学习来释放自己，通过学习探寻自己从小都没有安全感的原因，并积极去规避这种不安全感。

那段时间，我见到小丽的时候不多，但是每次见她，她都似乎比上一次看起来更加轻松。我为她加油，鼓励她多去关注自己，让自己更美、更开心一点。小丽一步步战胜自己，开始了突破。

事情很快有了转折，二人合作的公司小丽已经投进去了 20 万，现在还没有开始赢利，核心技能与规划全部在老吴手里。老吴看出了小丽的变化，直接拿这个作为要挟：如果小丽离开，那么这个投资就拿不回来了，并且还用了很多不好听的话和案例来打击小丽，说小丽简直是太高看自己了，以为一个女人自己创业有那么简单？

那个晚上，小丽完全没睡，一直哭，她最害怕有人打击她，告诉她"你不行"。

小丽给我在微信留言的时候，已经是凌晨 1 点了，我已经睡了。第二天早晨打开手机，我就直接回了信息过去。然后我们电话聊，小丽的声音有点沙哑，不过我尽量保持平静，让她说出她的顾虑。

"感情能放得下吗？"我问她。

她说："这么久的僵持之后，应该是可以放下了，虽然有时候会觉得孤独，但是也看到了自己的成长！"

"那你现在最大的顾虑是什么？"我继续问道。

"不甘心。"她说，"我投入了这么多真感情，结果他是在玩我，我昨天才知道，原来他还让其他两个女人给他生孩子。我太生气了！"

"除了不甘心，还有别的吗？"我继续问。

"创业是我一直想做的事，它是我的一个梦想，可是花了那么长时间和那么多精力之后，现在才刚刚有一点起色，而且我已经投进去了20多万。"小丽的声音明显有点低沉。

"如果现在放弃个人感情，跟他只是事业的合作，能做到吗？"

"我可以，但是他不行。他一定会在事业上给我设置障碍！"

"也就是对方钱也要，事业也要，人也要！"我打趣道。

"是的。"小丽还补充道，"我最近还发现，他应该经济出现了问题，经常打听我的项目投资情况！"

我停顿了大概5秒钟，然后慢慢地跟小丽说道："其实你有没有发现，你在跟我聊到这里的时候，答案已经差不多出来了。或者你可以这样想象一下，当你60岁的时候，回忆起自己在41岁时希望自己过的是怎样的生活，做的是怎样的决定。"

电话那边小丽没有说话。过了一会儿，小丽哽咽着说："可是我不想看到我曾经爱的人现在遇到困难我却见死不救……如果是经济问题，其实我是可以帮忙的……如果……"小丽像是在自己跟自己说话，又像是在反思。

我只是静静地听着，没有说话。

"60岁，天哪，19年后，我就60岁了！"小丽突然说道。

我说："对啊，你以为生命很长啊，你已经不小啦。"

小丽在电话那边笑起来，她大声说道："心彤，谢谢你，我知道怎么做了！"

"恭喜你！就按照你想做的去做吧！"

我们开心地挂掉了电话。

我们在年轻时，遇到问题，有时候真的会钻牛角尖，可是事后又特别后悔，觉得当事情发生时，自己太不理智，太不智慧了。

昨天一个姐姐跟我聊天，说自己只要一不爽，就喜欢跟老公吵架。可是吵完，自己又特别后悔。问我怎么办，我给了她跟小丽一样的方法，就是设想自己60岁的时候，希不希望自己在34岁的时候是一个完全控制不住脾气的女人，是不是一个跟老公处理不好关系的女人。

姐姐说这个方法让她很受益，让她眼前一下子亮了起来。

在科学上，这种方法叫回想法，就是设想未来回想当初的样子。在《商业计划书》中，我们也把它叫以终为始，从目标出发，看起点。

当我们老了，回忆自己年轻的时候，那些认为自己当初最不应该做的事都会一一浮现在眼前。

　　那些年轻时疯狂圈钱、不惜动用一切手段的人，最终落入监狱，临死前眼前的影像都是如果自己可以再活一回，一定不会像当初那样做。

　　很多影片的拍摄也采用了这种办法，假设自己已经死了，给自己先办一个追悼会，看哪些朋友会来悼念自己，看自己如果马上死了，内心会有多少悔恨。

　　父亲年轻的时候是军人，脾气比较火暴。父亲因为要照顾儿女，于是不顾自己的形象四处想办法赚钱累得要死要活的时候，所有人都不理解他、打击和嘲笑他。父亲说自己真是受不了其他人的指指点点，那让他感觉受侮辱。当他真想狠狠教训这些人的时候，我就告诉父亲，用这个方法去缓冲自己。父亲听进去了，虽然过程比较难，但是最终显示的结果是不错的。

　　当我写下这些文字的时候，再过两个月，父亲就60岁了。还记得上次中秋节我们一起吃饭的时候，他很得意地说："我的这个女儿真是太棒了，我现在马上60岁了，儿女也都大了，我现在回忆起我年轻的时候，回忆起过去的日子，真是觉得那时候忍一忍是对的。现在我发现，自己居然很感激那些日子，因为那时自己的做法一点都没有给现在的自己留下遗憾。"说完，我们俩还干了一杯。

　　我期待小丽的完美结局，也希望我的朋友们能在遇到很难做决定的时候运用这个方法。

　　答案永远在我们自己这里，并且一直都在。

# 如何快速梦想成真

小时候我们都爱看一部动画片，片子里有人只要拿一面魔镜，对着镜子说几句话，他的梦想就实现了。

可是为什么现实生活里，有些人能够很快梦想成真，而有些人却不能呢？

我不知道大家平时有没有想过，究竟是什么原因造成了自己今天的状况。比如，你已经30岁了，还在为钱担忧。比如，你已经上班7年了，工资还是只有几千块。

是不是有那么一些时刻，我们确实特别想改变自己，但就是没办法持续去改变？明明在一个周末的下午，已经想好了要辞职开始创业做一番大事情的，可是第二天上班，一走进舒服的办公区，又突然打消了这个念头，创什么业啊，那么辛苦干吗？我这样安逸一点就挺好。

于是几经折腾和纠结，一转眼，已经在公司待了7年，工资几乎还是老样子，自己的生活也没有太大的改变。

大家有没有深入去思考，究竟是什么原因让你无法坚定自己的想法，彻底改变自己的生活现状？

## 深入挖掘自己的刚需，给自己制定一个生活的目标

刚需是什么意思？就是你当下最强烈需求的意思。记住，是"最"。

我之前的一个助理在做助理期间，无论如何也不做销售。因为她觉得自己不适合做销售。而且还跟我明确表示，自己不擅长在人前讲话。所以，即便是给了她最好的成交机会和培训机会，她也按照自己的想法不做这件事，不销售，不在人前跟人沟通。

后来因为一个不错的金融项目，她赚了一些钱，而且被动式收入每月已经 3 万多了。她特别高兴，就离开了团队，开始了自己美好的后半生。可是，天不遂人愿，半年后，这个项目倒闭了，而她已经在这个项目里砸进去了自己所有的积蓄。一下子收入全没了，账户也全空了，怎么办？

她立马收拾行李回到深圳，开始上班。做什么？应聘到另一家公司做助理。做销售助理，每天除了接待客户，还要配合领导做成交，拿提成。因为我们教过她，只有销

售才可以收入不封顶。

我知道这件事情的时候，有过一些苦笑，两年的时间，让她做销售，她都是打死不做，现在自己身无分文了，立马开始把之前学的本领全都拿出来了。

为什么她的态度变化如此之大？刚需！

过去，这个助理有自己的薪水可拿，还有团队分红，每天跟着团队在一起，做点小投资，生活美滋滋的。所以，销售根本就不是她的刚需，吃穿不愁，赚钱不愁，干吗做销售？

可是因为项目赚了一些钱，于是完全脱离了之前的样子，就像是后半生只靠这一个项目就能活得十分潇洒一样，于是她几乎斩断了自己所有的后路。当项目亏损，自己身无分文的时候，她已经没有办法再回到团队里，可是又要赚钱养活自己，怎么办？必须豁出去了，就做销售好好赚钱。

因为有了刚需，所以产生了行动力。

我们大家平时大概也是这样的，明明有一个愿望，但就是坚持不下去。比如，想减肥，于是开始跑步。跑了三天之后，坚持不下去了，为什么？因为减肥这件事比不上美食的诱惑大。

如果你不能主动挖掘自己的刚需，那么很多时候，这个刚需会被环境逼出来。

有句话说得不好听，但是有时候就是这个道理：你只有被逼到墙角的时候，才会真正知道自己要什么，以及自己有多强大！

在电视剧《我的前半生》里，养尊处优的罗子君，天天拿着老公的钱逛街、购物、美容，完全不明白工作是怎么一回事。后来老公出轨，自己被迫离婚，需要自己赚钱养家、养小孩而出来工作的时候，以为自己这个也不会，那个也不会，后来在好朋友唐晶和贺涵的帮助下，豁出去了，在职场里一样混得风生水起。

当时罗子君不穿高跟鞋走不了路？别逗了，被逼到绝境，她穿着平底鞋一样为生活而奔波！手上皮肤娇嫩干不了重活？别作了，被逼到绝境，她不戴手套一样干得好好的！

包括上文提到的我的那位助理也是一样，被逼到绝境的时候，什么之前不想干、不愿意干的活儿都开始干并且投入去干了。

如果今天你做一件事情，还没有办法全身心地去做好，那只有一个原因，就是你还没有走到非做不可的境地。

我们用"逼"这个字不好听，但是任何事情都有两面性，我们从这个角度出发，反向去推，就能找出原因：其实是我们没有深入发掘自己当下的刚需是什么。

要主动去发掘刚需，你才会具有前瞻性，甚至会拥有更好的机会。

我一个上班族朋友之前一直跟我说，买车太花钱，因为养车实在太难了。她看着我天天自己开着车四处溜达，觉得我太浪费钱，于是自己死活不买。但是那年回了一趟老家，七大姑八大姨一顿问：有没有谈朋友啊？有没有买房啊？有没有买车啊？收入是多少啊……她说她实在受不了这种审问了，于是一回到深圳，就狠狠地告诉自己，一定要改变现在这个状况。然后，拿出纸笔，做自己的收入明细，统计财务状况，最后列出目标：车、房、银行卡数字上升。

一个月后，她付了 17 万首付，把宝马车买了；同一年，她付了房子的首付；之后，收入更是不断快速上涨。

第二年春节开着车回家，再没有亲戚审问她每月赚多少钱了。

亲戚的审问，让她一下子发现了自己的刚需，于是做规划，列目标；于是车买了，房买了，收入也高了。有了这些物质基础之后，她的底气更足，气场更强，跟客户谈生意，客单价、成交率都是三级跳。

## 发掘刚需列好目标之后，就要找一个行动出口

住在深圳郊区的一个姑娘，跟男朋友一起在深圳打工。工作了3年之后，小两口没房、没车、没存款，两人突然觉得未来不能这样了。那要怎么办呢？她也是一天到晚想办法，想自己能不能做点啥，多赚点钱。但也是跟我们当中的一些人一样，周末特别兴奋，周一上班之后，就又开始自己的安逸生活了。后来，她怀孕了，肚子一天天大起来，只好休产假，哪儿也不能去。可是生了孩子，奶粉钱怎么办？自己不上班，没钱进账，两人无法养活自己怎么办？

千思万想也没有办法，于是她坐下来，给自己列清单，做规划。她最基本的梦想就是，让孩子过上更好的生活，让自己收入更高，让家庭环境更好一点。她通过SWOT分析，发现自己爱好不多，但是自己有写作功底，于是她就从写作入手，开始了有方向的行动。

她每天在电脑上写文章，把自己的焦虑、自己的期望通通写下来。在几个月的假期里，她每天写，每天在各大网站上投稿分享。结果，因为写出了很多人的心声，火了！

有了第一步的小成功之后，第二步她开始做个人微信公众号，天天更新文章，天天分享。

一年过去，她写了上千篇稿子，现在她不用上班，光靠公众号里的广告，每月都能赚好几万。

第三步她做了粉丝深入挖掘，自己开办线上分享课，分享职场心得、写作技巧，每期每个人收费498元，现在每个月赚的是她上班时薪水的5倍还多。

有了目标之后，开始行动非常重要。可能就因为你的一个行动，就改变了自己的处境，开启了另一番美好的天地。

我哥哥在上大学期间，因为写作好，出了好几本书。于是他特别开心，一毕业就自己搞了一家小公司，自己创业，以为收入能越来越高。但是后来发现生意场完全不是大学那个样子，每个月租金、管理费花去一大半，养活员工也是一大笔费用，然后买房、买车每月的贷款又是一大笔费用。他发现这样不行，得有一份固定收入才行，不然生活完全没办法进行了。正当他苦恼的时候，他当时的女朋友又跟他闹别扭，吵着要分手。痛定思痛之下，他选择了分手，也开始静下心来给自己做规划、列目标，开始为自己的未来行动。

他最初的梦想是赚钱还完银行的贷款，然后结婚有一个自己的家。有了目标之后，他给自己做SWOT分析，他发现自己考试成绩好、专业知识扎实，而且很擅长跟人打交道。分析之后，他觉得其实自己很适合去做公务员。于是做好准备之后，他就报名参加了那一年的杭州市公务员考试。苍天不负有心人，他一举夺得了那个岗位公务员考试的第一名，被杭州市政府录取了，于是就进了政府单位工作。因为他专业知识过硬，处理人际关系能力强，各个领导都喜欢他，加上他还有一手好书法，文笔也好，学历也高，于是不断被推荐，现在一步步高升，而且还每月都有去北京进修的机会，未来一片大好！

## 主动规划未来，让你的生活更加精彩

我在自己感情和收入都很顺利的时候，每天会花很多时间思考我的人生价值，思考未来的我该怎么办。我想，如果生活太安逸，我这辈子是不是有点太平平淡淡了？我小时候最大的梦想是什么？

我不断问自己，于是不断做分析，做规划，然后行动。我开始做方案、写文章，开始做课件，开始做分享。现在一年多时间过去了，我累积了大量的粉丝，生活也过得越来越有声有色，而且还培养了另外几个被动式收入渠道。

如果你不去主动发掘刚需背后的意义，一遇到点困难就会退缩，就会选择放弃。就像我前文提到的那个助理，因为上台讲话观众的掌声没那么热烈，于是自己就打了退堂鼓，发誓再也不上台了；因为身边朋友不多，跟人分享项目总是被人拒绝，于是不分享了，发誓自己这辈子再也不做销售了。为什么这么轻易就放弃了？因为她有退路，因为在当时的环境下，没有找到坚持背后的意义。她不知道，如果她能坚持登台，她能得到更好的发展机会；她没有分析，如果自己销售做得好，每月的收入还可以再翻一番。没有想这些问题，所以一遇到一点小挫折，就放弃得特别快。

但是后来因为她没有了任何退路，即便接待客户的时候不被待见，即便跟领导配合收钱的时候遇到重重困难，她依然硬着头皮去做，去挑战自己。因为只有这样，她才能让自己生活得更好。

想一想，如果提前给自己做了规划，生活是不是会一帆风顺得多？

## 要持续不断地去行动

发掘你当下的刚需，认真思考你的未来想过怎样的生活，然后从现在开始筹备，并且持续不断地去做，你就会慢慢形成自己的赚钱之道。

现在上班工资不高，钱也不多，那么想一想，3年后的自己想过怎么样的生活？为了过上这样的生活，你想付出怎样的努力？然后，开始去做吧。

现在跟老公的关系一般，总是要看他的脸色行事，自己十分不爽，那么两年后自己还想过这样的日子吗？不想！那好，那你就想一想自己是不是可以拥有一份属于自己的工作，获得自己的收入。如果是，那就开始去筹备吧。

相信我，有些事情，你根本不需要人教，只需要认真走进自己的内心，坚定地问自己，路就出来了。你只要明白未来这件事能带给自己多大的好处，就会不断坚持去做。

而在做的过程中，你总会得到不一样的启迪，得到不一样的贵人相助，得到不一样的好机会。你的梦想，就在这一步步的行动中开始逐步实现了。

什么是梦想成真最好的方法？这就是！持续发掘，持续行动，持续实现梦想！

## 后记

## 下一个 7 年

　　冬天的深圳，看起来不冷，其实也有几丝寒气。我是一个害怕冬天的人，然而这样的害怕也有一个好处，就是反正也不用出去，所以就专心在家写作了。于是，锻炼身体和持续写作，几乎成了这个冬天我所有的工作内容。

　　今天早晨锻炼的时候，又听了一遍李笑来的《通往财富自由之路》中关于写作的探讨。

　　他说，一个人只有拥有良好的写作习惯，才能持续输出好的东西。原因很简单，你能写好，说明你一定是做了深入的思考的；身处知识变现的时代，一个会写作的人，才能把自己的单位时间同时卖给很多人。这对于个人商业模式的升级，无疑是一件好事。

这本书的写作虽然只持续了一个多月，但是本书中经历的这些事、遇到的这些人、收获的这些道理却持续了很多年。能将这么多年的人生精华浓缩成这本书，这要特别感谢 L 对我写作与分享的大力支持，还要特别感谢我的大量粉丝持续关注我的分享并与我互动，从而让这个写作过程变得很有趣。

其实很久以前，我就想要静下心来把自己心中想说的话都写出来。然而，那时候的我总是不停地在各个城市之间穿梭，不断地实践，所以，很难有安静的时间静下心来写作。

如今，从毕业工作到自己创业，7 年过去了，我的财富也达到了一定程度，于是开始用心写作与分享，到现在倒也完成得不错。

李笑来说，7 年就是一辈子。

上一个 7 年，良好地自我鞭策和持续地提升让我收获很多。未来的我会一直保持这样的学习态度，并且不断分享。毕竟口才是我最好的武器，我必持续提升和运用下去。

下一个 7 年，我会功成名就，但是依然会初心不改，在总裁的路上稳稳前行。

下一个7年，我会依然是一个孝顺的女儿，继续供养父母，让他们安度晚年。

下一个7年，我会是一个好妻子，成为一个能支撑先生事业和生活的人，一起坐拥江山，笑看云卷云舒。

下一个7年，我会是一个好母亲，孕育新的生命，教他善良，教他感恩，教他一路带着快乐前行。

下一个7年，一切都会更加美好，因为在所有拼搏的日子里，我都没有放弃过梦想、善良和感恩。在安逸的日子里，我也会更加珍惜所有，更加成熟稳重，更加温柔而有力量。

希望书中的文字能带给你力量，带给你方向，带给你一份梦想前行路上的温暖陪伴。

心彤师姐